森の休日2

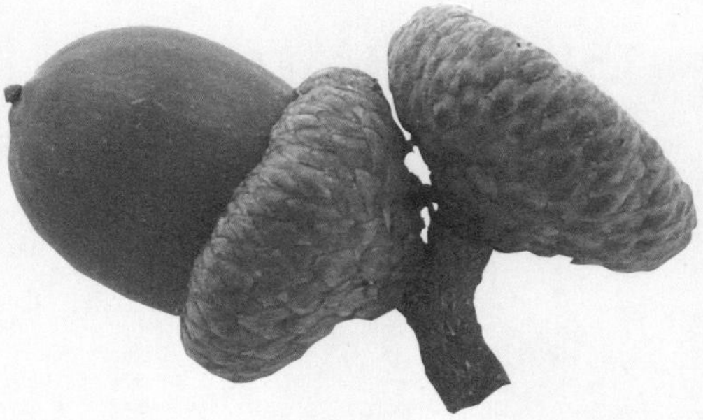

探して楽しむ

ドングリと松ぼっくり

写真　平野隆久　　文　片桐啓子

山と溪谷社

森の休日2

探して楽しむ

ドングリと松ぼっくり

写真　平野隆久　　文　片桐啓子

山と溪谷社

ウバメガシ

ドングリと松ぼっくり

ドングリの森（雑木林）…………… 4

ドングリの森（照葉樹林）…………… 6

ドングリの正体…………… 8

[雑木林ですぐ見つかる］コナラ……………10

[やはり雑木林に多い］クヌギ…………… 12

[西日本の雑木林には多い］アベマキ…………… 14

[柏餅でおなじみの］カシワ…………… 16

[山のブナ林に多い］ミズナラ…………… 18

[庶民も楽しめる秋の味覚］クリ…………… 20

[どこにでもあるカシ］アラカシ…………… 22

[関東ではよく生け垣にする］シラカシ…………… 24

[関東ではちょっと珍しい］ウラジロガシ………… 26

[備長炭で知られる］ウバメガシ…………… 28

[関東でシイといったら］スダジイ…………… 30

[秋に花をつける］シリブカガシ…………… 32

[今ではどこの公園にもある］マテバシイ………… 34

ドングリの背くらべ…………… 36

ドングリ勢ぞろい…………… 38

松ぼっくりの森（針葉樹の森）…………… 40

松ぼっくりの森（カラマツ林）…………… 42

松ぼっくりの正体…………… 44

[高原で黄葉する］カラマツ…………… 46

[マツタケが生える］アカマツ…………… 48

[高い山に多い］ゴヨウマツの仲間…………… 50

[2葉マツ・3葉マツ・5葉マツ］
北アメリカの松ぼっくり…………… 52

[2葉マツ・3葉マツ・5葉マツ］
アジアとヨーロッパの松ぼっくり…………… 56

[公園でよく見かける］ヒマラヤスギ…………… 58

[寿命が短い針葉樹］モミ…………… 60

[クリスマスツリーにする］ドイツトウヒ…………… 62

[松ぼっくりが下を向く］エゾマツの仲間…………… 64

[ご神木が多い］スギ…………… 66

[秋には葉を落とす］ラクウショウ…………… 68

[生きている化石］メタセコイア…………… 70

[最近は香りでも人気］ヒノキ…………… 72

[路地でもすぐ見つかる］コノテガシワ…………… 74

[まだ探せば見つかる］松ぼっくりいろいろ…………… 76

[松ぼっくりをつけない］針葉樹とその仲間…………… 78

[似ているような似ていないような…］
松ぼっくりふうの実…………… 80

松ぼっくりを探す楽しみ…………… 82

ドングリや松ぼっくりを飾る楽しみ…………… 84

さくいん…………… 94
奥付…………… 96

コメツガ

ドングリの森（雑木林）

秋、赤や黄色に染まった雑木林でドングリをつけるのは、コナラやクヌギ、アベマキ、クリなど。山の奥ではミズナラやブナなどがひとあし早く色づいてドングリを落とす。

ブナ科の木は日本の野山に22種類ほどあり、どれも大量のドングリをつける。その数の多さときたら豊作年には地面が見えなくなるほど。静かな雑木林も、秋はボッソン、ボッソンとドングリが枯れ葉のなかに落ちこむ音が響いてにぎやかだ。

縄文人の主食はこの豊富なドングリだった。縄文時代の遺跡からは貯蔵されたドングリや、ドングリ粉でつくった食べ物が出てくる。温暖な西日本ではおもに常緑のスダジイやツブラジイを、東日本では落葉樹のミズナラやブナを多く利用していたという。

農業がはじまって食料が米や芋、野菜に変わっても、飢饉のときはありがたい救荒食だった。また米ができない山村などでは乾燥させたものが常備され、おりにふれてドングリ団子やドングリ餅、カシ豆腐などがつくられていた。

ヨーロッパでも古代は粉にしてパンを焼き、中世にはブタたちを森に連れていって、たらふく食べさせたという。

森で暮らすクマやカモシカ、リス、ネズミなどにとってもドングリは大事な食料だ。ブナ科の木も、種子散布を彼らに頼っているので、森から動物が消えれば子孫を残せなくなる。

秋の雑木林。
コナラなどのドングリがたくさん拾える。

ドングリの森（照葉樹林）

照葉樹とは、強い日差しで水分が蒸発するのを防ぐため、葉の表面を厚いクチクラ層でおおい、てかてか光らせている常緑の木のこと。北関東から西の平野はどこも、人間が切り開くまでこの照葉樹におおわれていたという。

照葉樹林のなかは１年中薄暗く、遠目には季節感もあまりない。が、この森の主役もやはりドングリをつけるブナ科のシイ類やカシ類だ。

ブナ科の木は、材も暮らしに欠かせなかった。とくにカシは、樫と書くくらい材が堅い。シイも堅くて折れにくく、焼けばよい炭ができる。そのため昔はどちらもさかんに切り倒して薪や炭にし、船や農具の柄、車輪などもつくった。

しかし、照葉樹の森がどれほど広大でも、切るいっぽうでは、いつかなくなる。そこで人々は、伐採跡に生えてくるクヌギやコナラを育て、炭や薪用に切り倒したら切り株から伸びる芽を大きくした。こうしてできたのが里山の雑木林である。

雑木林では定期的に木が切られ、下草も刈りとられて落ち葉といっしょに田畑の肥料にされるなど、長年人の手で一定の状態が保たれてきた。しかし、近年は薪炭の需要がなくなり、化学肥料の普及や人手不足なども重なって、ほとんどが放置されたまま。雑木林を守る市民運動も各地で起こっているが、伸び放題の雑木林はしだいに暗くなり、陰樹のカシ類などが育って再び照葉樹林に戻っていく。

秋の照葉樹林。
シイやカシのドングリがたくさん落ちている。

ころころ転がる
ドングリの正体

ドングリは堅い皮におおわれていて、熟しても割れない。こういう実を堅果というが、ブナ科の堅果の特徴はいろんな形の殻斗がつくこと。殻斗は雌花が蕾のうちは総苞として花を保護していたもので、生長すると各鱗片がくっついてさまざまな形になる。

★いろいろな殻斗

クリの雌花は3個ずつセットになって緑色の総苞の中で育ち、春には針状の花柱を突きだして花粉を待つ。この総苞がやがてドングリをすっぽり包みこむ殻斗になるが、すべてのドングリがここまで手厚く殻斗で保護されるわけではない。

■コナラ
熟したドングリは半分以上むきだしで、お椀のような殻斗にお尻を乗せているだけ。殻斗には小さな鱗片がびっしり屋根の瓦のようについている。カシ類のドングリもむきだしだが、殻斗の鱗片はくっついて数個の輪をつくっている。

クリの雌花

■クリ
ドングリは生でもおいしい。そのせいか熟すまで殻斗から出さず、鱗片は鋭い刺になって未熟なドングリを食害から守る。

■クヌギ
熟したドングリは半分近く殻斗に包まれている。殻斗の鱗片は細長いが、クリとちがって触っても痛くない。カシワやアベマキの殻斗も鱗片が細長い。

■スダジイ
シイ類の殻斗はクリのように最後までドングリ全体を包んでいて、熟すと割れる。

★ドングリは栄養たっぷり

堅い皮の下にあるのは、大量のデンプンや脂肪を貯えた厚い2枚の子葉。アク成分のタンニンを多く含むものは渋いが、イノシシやクマなどにとっては大切な食料だ。地下の貯蔵庫に食料を貯える習性をもつノネズミやリスも、せっせとドングリを運ぶ。

ドングリには秋に熟す1年型と、翌秋になってから熟す2年型がある。

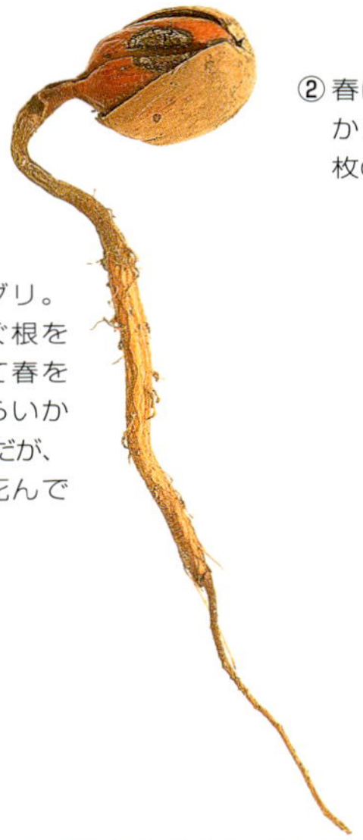

①コナラのドングリ。落下するとすぐ根を地中に伸ばして春を待つ。少しくらいかじられても平気だが、乾燥させると死んでしまう。

②春になると、子葉の間から芽が伸びだし、3枚の本葉が開く。

③芽がさらに伸び、つぎつぎと本葉が出ると、子葉は貯えを使いきってしぼむ。

★ギブ＆テイクの関係

ノネズミなどの貯食行動はタネまきと同じ。食べ残されたものはさっそく根や芽を伸ばす。大型の動物も耕運機の代わりをし、結果として種子散布の手助けをすることになる。

コナラの芽生え。写真では分厚い子葉が開いて緑色になっているが、土にもぐっていることもある。

ドングリには豊作の年と並作や凶作の年があり、ブナは5〜7年周期で大豊年を迎える。どのドングリも不作だと、クマが食料を探して里に下りてくる。

離層ができると落ちるドングリ

夏、生長しきった葉が、光合成して作った養分をせっせとドングリに送るようになる。この養分を運ぶのが維管束の師管。維管束は殻斗を貫いて、ドングリのお尻に接続しているので、若いドングリは、引っ張ってもなかなか殻斗から取れない。しかし実が熟すと、ドングリと殻斗の間に切り離し装置の離層（りそう）ができ、維管束は乾燥して切れてしまう。

葉も離層ができると散る。

地面に積もった枯れ葉はドングリを乾燥から守り、腐って無機物に分解されれば養分として根から吸収される。

雑木林ですぐ見つかる
コナラ

ブナ科コナラ属の落葉高木。コナラ属のうち落葉するグループをナラと呼ぶが、コナラはオオナラ（ミズナラ）に対する名。材は薪や炭にした。建築材や家具材、器具材にもするが、ミズナラより加工性が悪い。シイタケ菌を植えつけるホダ木に使われる。

4～5月、若葉が開くと同時に花が咲く。コナラ属はすべて大量の花粉を風で飛ばす風媒花。昆虫に花粉を運んでもらう必要がないため、花は小さくて目立たず、香りもない。雌雄異花で、同じ木に雄花と雌花がつく。これはブナ科に共通する性質だ。

雌花の花穂
新枝の先を探すと、葉のつけ根に小さな枝のようなものが見つかる。これが雌花の花穂。ふつう数個の雌花がつくが、花らしくないので見逃しやすい。

新枝
春に伸びでた若い枝。

前年枝
前の年に伸びた枝。

雄花の花穂
新枝の下のほうに何本もぶらさがる。小さな雄花がたくさんつらなって、ネックレスのよう。風が吹くたびに揺れ、大量の花粉を振りだす。

①冬芽をつけた枝。真ん中の頂芽は大きい。

②冬芽が開いた。若葉は灰色の細い毛におおわれ、青緑がかった真珠色。この毛は生長するにつれて抜け落ちる。

③若葉を広げながら新枝が伸びていく。新枝の下ではすでに雄花の花穂が芽吹いている。

秋には黄葉したり紅葉したりする。もっともブナ科の木は葉にもタンニンを含むため、タンニンから褐色色素がつくられて、どちらも渋い色になる。

とがった大きな鋸歯

葉の裏は毛があって灰白色。

①初夏の若いドングリ。

②夏になると急にふくらんでくる。
天候が悪いと生長が遅い。

ドングリには年内に熟す1年型と、翌秋に熟す2年型があるが、コナラは1年型。秋、葉が色づく少し前に茶色に熟す。タンニンが多くて渋いが、昔はアク抜きして食べた。

白い毛

③秋、熟すにつれて茶色になる。

ドングリは弾丸型で、長さ1.6〜2.2㎝。殻斗では小さな鱗片がびっしり屋根瓦のように並んでいる。

維管束の跡

維管束の跡

熟したドングリはぽろりと殻斗からとれるが、ドングリのお尻や殻斗の底には互いをつないでいた維管束の跡が残っている。

かつて農家は雑木林で落ち葉をかき集め、堆肥をつくって田畑の肥料とした。

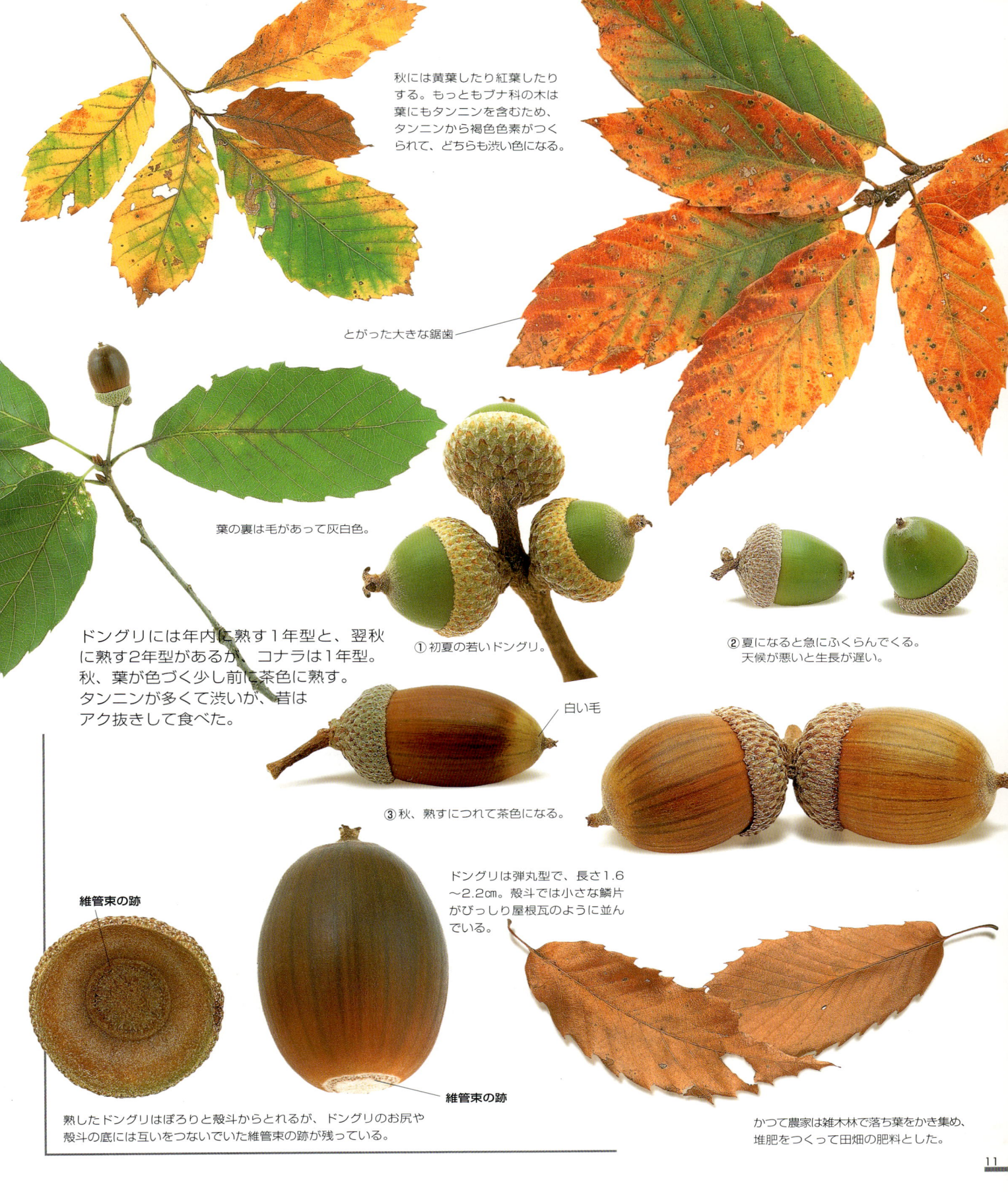

やはり雑木林に多い

クヌギ

ブナ科コナラ属の落葉高木。名は国木がなまったものという。材を薪や炭、器具、船、荷車などに使い、落ち葉は堆肥にしたが、現在はシイタケのホダ木にする程度。コナラと同様、幹から甘く香る樹液がにじみ出て、カブトムシやクワガタムシが集まる。

花は4～5月で、若葉と同時。雄花の花穂は新枝のつけ根でたくさん垂れさがり、小さな雌花の花穂は新枝の先で直立する。雄花の花穂は赤みがかった黄色。

雌花
花穂に1～3個つく。花びらはなく、平たい雌しべの花柱が3～5本あるだけ。花柱はべとべとしていて、風で飛ばされてくる花粉がつきやすい。

雄花
雄しべが3～6本あり、ふくらんだ黄緑色の葯が開くと、黄色の花粉が出てくる。

大きなドングリはお尻に楊枝を刺してコマにしたり、天頂に穴を開けて中味をくりぬき、ドングリ笛をつくったりした。ブタのエサにもした。

ドングリは2年型で、次の年の秋に熟す。タンニンで渋い。古代は実や葉、樹皮からタンニンを採り、庶民が着る衣類をつるばみ色（黒に近い青）に染めた。

①できたばかりのドングリ。

②翌年の初夏になっても、まだ小さくて殻斗にしっかり包まれている。

③夏になると急にふくらみはじめる。

葉は秋には黄色から黄褐色に染まるが、若木だと離層ができにくいため、春まで枯れ葉がついていることが多い。落ち葉はコナラと同じように堆肥にした。

④殻斗から顔を出したばかりのドングリは緑色。

⑤秋には殻斗の鱗片がそりはじめ、しだいに茶色になる。

ドングリはほぼ球形。直径が2〜2.3㎝あり、オキナワウラジロガシについで大きい。殻斗の鱗片は細長いが肉厚。

西日本の雑木林には多い
アベマキ

ブナ科コナラ属の落葉高木。アベはアバタのこと。樹皮のコルク層が発達し、幹が凸凹になるため。地中海のコルクガシは9年ごとに厚さ4～5㎝のコルクが採れるが、こちらは15年で2㎝ほど。コルクの代用にするため栽培され、薪炭材や器具材にもした。

花は4～5月で、葉と同時。雄花の花穂は新枝のつけ根からたくさん垂れさがり、雌花は新枝の先から出る葉のわきに1個ずつ上向きにつく。花はクヌギそっくり。葉や実もクヌギに似ている。

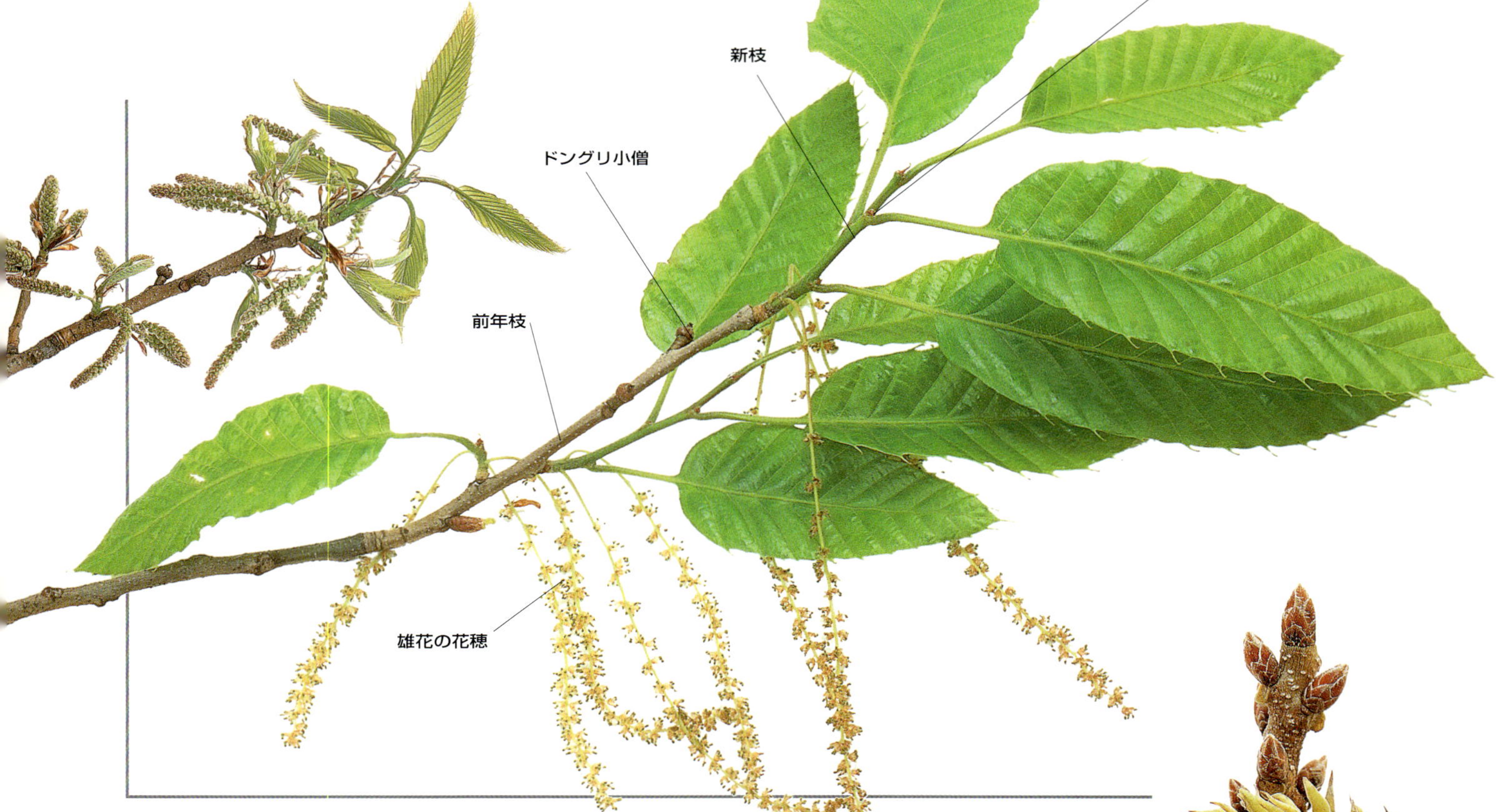

ドングリは2年型で、翌年の秋に熟す。クヌギに似ているが、ひと回り小さく、ややほっそりしている。かつてはくだいてデンプンを採ることもあった。

①ドングリ小僧。ほとんど生長せずに年を越す。

②初夏、殻斗の鱗片が立ちあがる。

左のドングリを真上から見ると、木でつくったバラのよう。

③夏になると日増しに大きくなり、鱗片が細く長く伸びる。

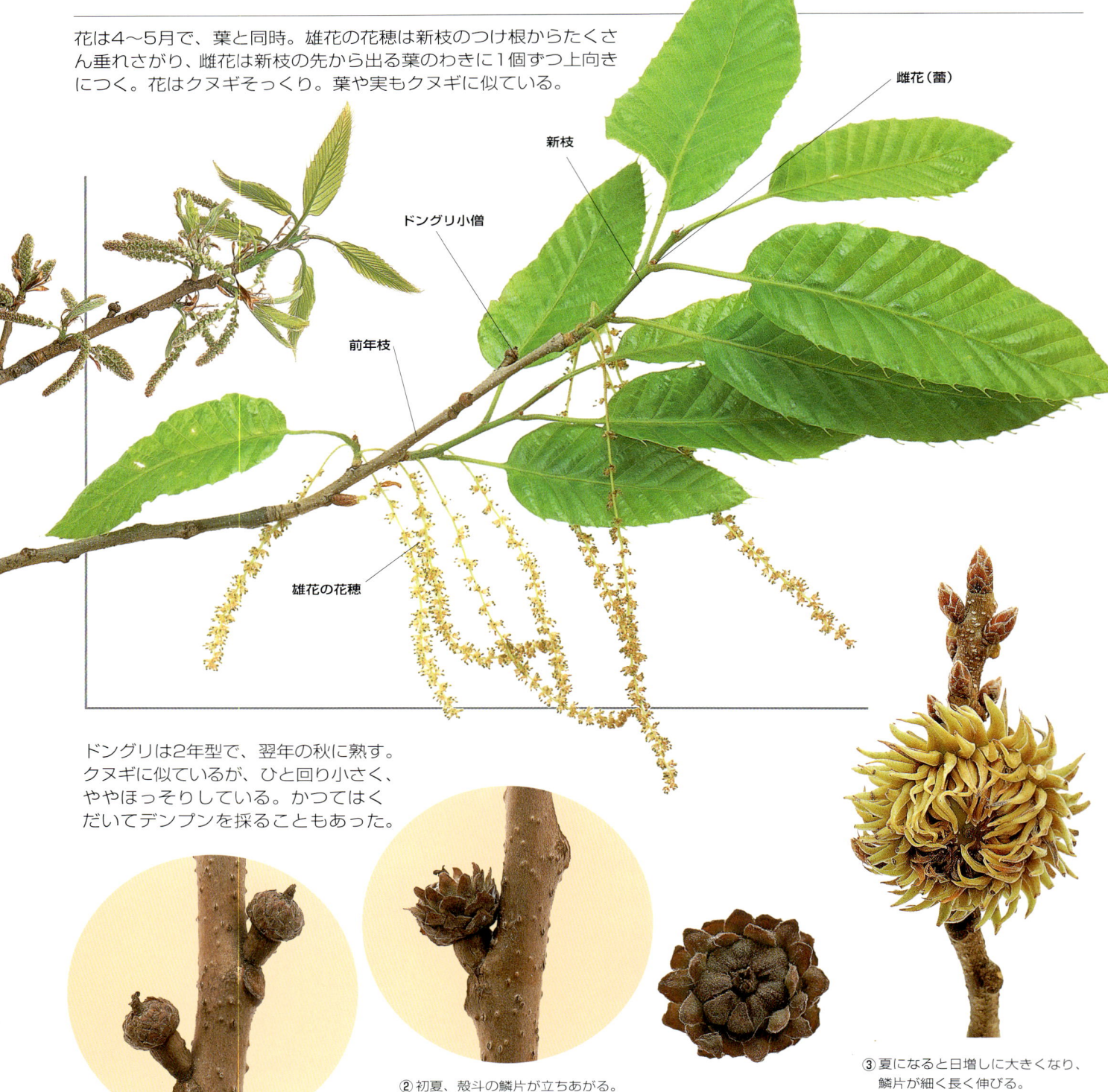

葉は秋には黄色から黄褐色に色づいて散る。離層ができにくい若木は春まで枯れ葉がついている。

裏

毛が密生し、灰白色。

表

鋸歯の先は針状。この針は透明。クヌギも透明だが、クリは緑色。

ドングリはほぼ球形で直径1.8㎝ほど。殻斗の鱗片は細長いが、肉厚。

④夏の終わりには堅果が殻斗から顔を出した。

⑤熟しはじめたが、まだ殻斗の鱗片は閉じたまま。

裏

よく似たクヌギの葉の裏。はじめは黄褐色の毛があるが、すぐ抜け落ちて淡緑色になる。

ドングリはクヌギ同様、子どもがコマや笛、ヤジロベエなどにして遊んだ。

柏餅でおなじみの
カシワ

ブナ科コナラ属の落葉高木。名は「炊《かし》ぐ葉」が変化したもの。昔は、料理に使ったり食べ物を盛ったりする葉はどれも炊葉《かしは》と呼ばれたという。柏餅をくるむので、農家の庭などにはよく植えられている。堅い材は薪や炭にし、家具や器具にも使われた。

若葉は毛が多い。とくに裏は毛が密生して薄茶色。

若葉は餅を包むのにぴったり。大きなものは長さ30㎝にもなり、厚くて破れにくい。

花は5～6月で、葉が開くのと同時。雄花の花穂は新枝のつけ根からたくさん垂れさがり、小さな雌花の花穂は新枝の先で直立する。

雌花
5、6個が花穂につく。花柱はふつう3本。基部はあとで殻斗になる総苞に囲まれている。

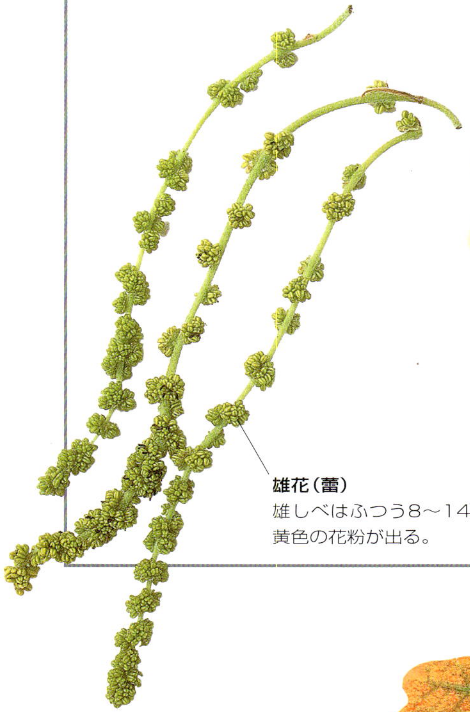

雄花（蕾）
雄しべはふつう8～14本。葯が開くと黄色の花粉が出る。

ドングリは1年型。タンニンを含むため渋いが、渋抜きすれば食べられ、染料や下痢止めの薬にもなる。樹皮や葉からもタンニンが採れる。

①若いうちは、すっぽりと殻斗におおわれている。

②夏が終わるころ、大きくなった緑色のドングリが顔を出す。

③熟すにつれて殻斗の鱗片がしだいに後ろにそっていく。

鋸歯は丸い波形

山では紅葉するが、平地だと黄色になってすぐ枯れる。離層ができにくい若木は春まで枯れ葉をつけている。

葉柄はふつう、ごく短い

ドングリはやや長めの球形で、長さ1.5〜2㎝。葉は巨大だが、ドングリはクヌギよりふたまわり小さい。殻斗の細長い鱗片は柔らかで絹のような光沢があり、山ではオレンジピンクに色づいて美しい。

山のブナ林に多い
ミズナラ

ブナ科コナラ属の落葉高木。名は、枝に大量の水分を含むためという。コナラに対してオオナラと呼ぶこともある。かつては材を薪や炭にしたが、木目が美しくて加工しやすいので今では建築材、家具材、器具材として使われる。

花は5〜6月で、若葉と同時。雄花の花穂は新枝のつけ根からたくさん垂れさがり、小さな雌花の花穂は新枝の先に直立して、ふつう1〜3個の雌花をつける。

冬芽をつけた枝

若葉と新枝が伸びだした枝

ドングリは1年型で、秋に熟す。タンニンを大量に含んで渋いが、東北ではコナラやカシワ、ミズナラのドングリをシタミと呼び、保存食とした。アクを抜くには、水を換えながら何回も灰汁で煮たり、砕いてから何度も水にさらしたりする。

①初夏、まだ幼い緑色のドングリが目玉のよう。

②夏、ドングリがふくらんできた。

③10月が近づくと色づきはじめる。

葉の裏は淡い緑色。秋には黄葉したり紅葉したりする。

ドングリは長めの楕円形で、長さ2～3㎝と大きい。屋根瓦のようにびっしり並ぶ殻斗の鱗片にはふつうコナラより大きなコブがある。

■ナラガシワ

山のナラ。大きな葉はカシワに似ている。カシワが少ない地方では柏餅に使う。

ナラガシワの楕円形のドングリは1年型。ミズナラより小型で長さ2㎝ほど。

葉の裏は密生する毛で灰白色。

庶民も楽しめる秋の味覚
クリ

ブナ科クリ属の落葉高木。甘栗の名で売られるチュウゴクグリ、マロングラッセに使われるヨーロッパグリに対し、ニホングリとも呼ばれる。野山にあるのは栽培グリの原種。材は薪や炭のほか、堅くて腐りにくいので枕木、板屋根、家の土台などに使った。

花は6月の梅雨のころに咲く。ナラ類やカシ類とちがって虫媒花で、甘く青臭いような強い香りで昆虫を呼び寄せる。花穂も垂れずに斜上し、同じ花穂に雌花と雄花をつける。

雌花
花穂の根もとに1、2個つくだけ。同じ花穂の雄花より早く咲く。
雄花（蕾）

葉はクヌギに似ているが、鋸歯の先の針は緑色。
新枝
雌花
花穂
前年枝

雌花
あとで殻斗（イガ）になる総苞の中に雌花が3個ずつ入っている。雌しべの花柱は10本ほどで、針状。

雄花
ふつう花穂に7個ずつ集まってつく。10本ほどある長い雄しべが突きでていて、蜜腺から蜜を出す。雌花には蜜がない。

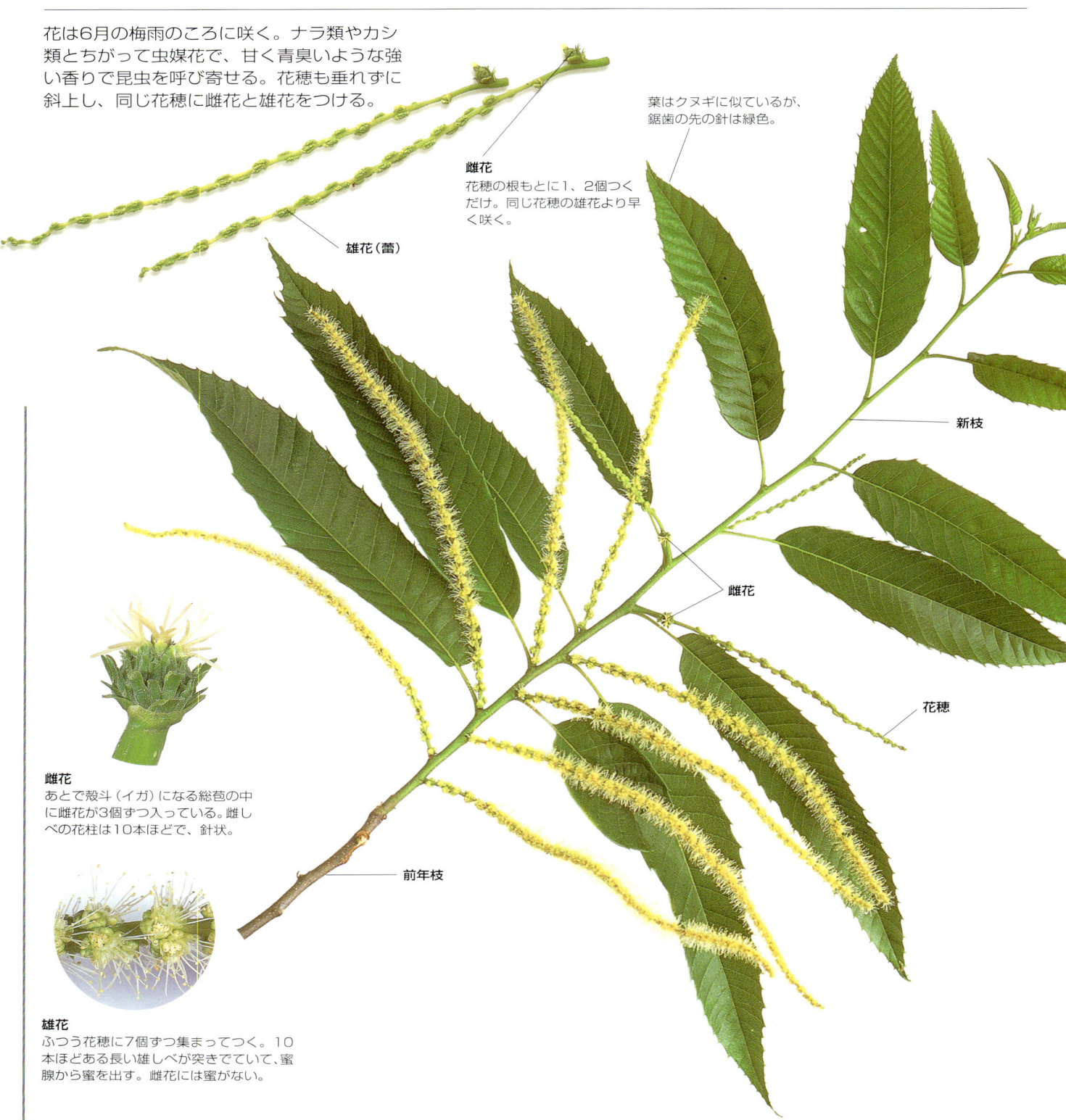

ドングリは1年型。クリの実はふつうドングリとは呼ばないが、構造はコナラやクヌギと変わらない。殻斗が4つに割れると現われるドングリは3個。真ん中の中栗が実のないシイナになることもある。

①熟す前は緑色のウニのよう。

②秋、熟すにつれて殻斗が割れる。

葉は秋には黄褐葉する。

クリは大昔から栽培され、三内丸山遺跡（縄文前期）から出てきたクリもすでに野生のものではないという。万葉時代は今のメロンのような存在だったのか、山上憶良は「瓜食めば子ども思ほゆ　栗食めばまして偲はゆ・・・」と歌っている。

野山で拾えるシバグリのイガはピンポン球程度。シバグリを改良した栽培グリには多くの品種があるが、イガの大きさはふつう野球のボールほど。

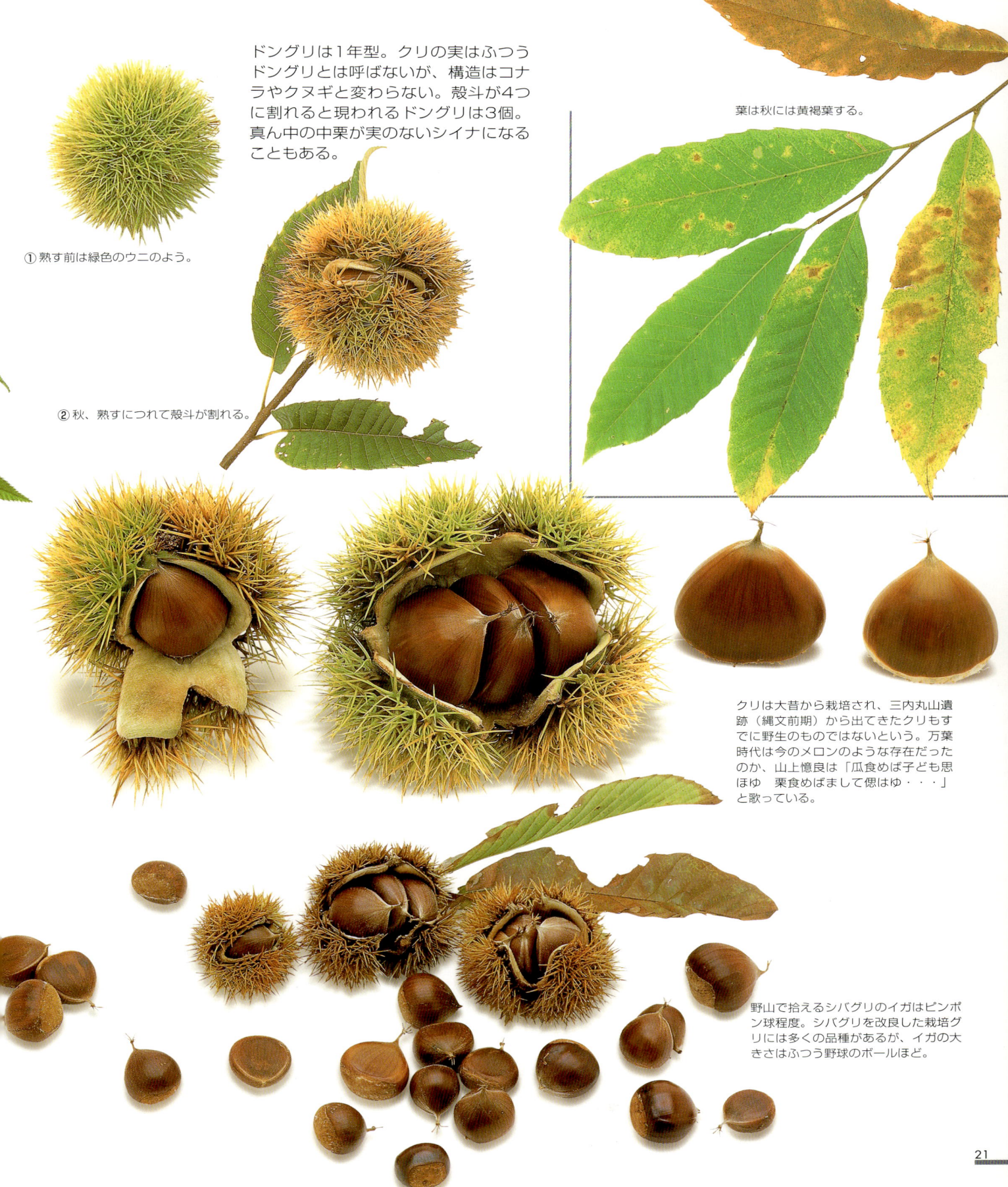

どこにでもあるカシ

アラカシ

ブナ科コナラ属の常緑高木。どこでも見られて数もいちばん多いカシで、とくに関西ではカシといったらこれをさすことが多い。堅い材を薪や炭にし、農器具の柄、建築、船などにも使われた。今はシイタケのホダ木にする。

花は4～5月に咲く。雄花の花穂は春に伸びでた新枝のつけ根から垂れさがり、小さな雌花の花穂は新枝の先に直立する。

雌花
花穂に3～5個つく。雌しべの花柱はふつう3本。基部はあとで殻斗になる総苞に囲まれている。

雄花
2、3個ずつかたまってつく。雄しべは4～6本。

葉は革質で、裏は絹毛が密生して白っぽい。常緑樹は同じ葉を長く使うため、丈夫につくられていて、表面を厚いクチクラでおおっていることが多い。もちろん寿命はあるが、たいてい少しずつ落葉するので目立たない。

若葉は赤みをおび、白い毛でおおわれている。これは幼い葉を紫外線や食害などから守るため。日光に当たってクロロフィル（光合成を行う葉緑素）ができると赤みが消え、表の毛も抜け落ちる。

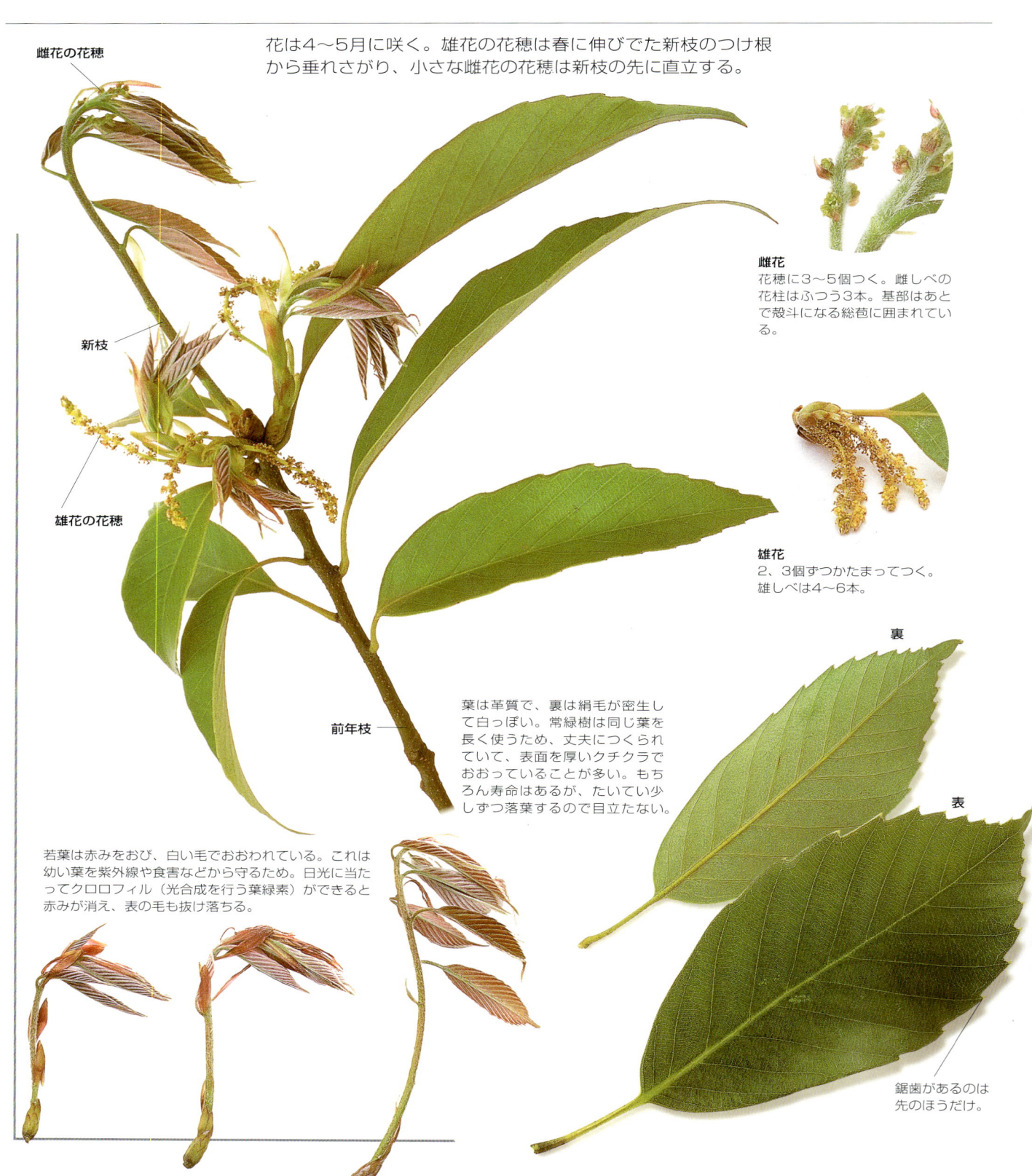

ドングリは1年型で、その年の10月には熟す。タンニンが多いため渋いが、アク抜きして食べた。

①7月はじめ、ドングリらしい形になったが、まだ小さい。

②8月末になっても殻斗におおわれている。

③10月には大きくふくらみ、やがて茶色に熟す。

ドングリは卵円形。長さ1.5～2㎝で、濃い色のたてじまが目立つ。殻斗には鱗片がくっついた5～7個の輪があり、灰色の毛が密生している。

日本庭園で見かける棒ガシは、アラカシの枝を切り詰めて萌芽させたもの。この仲間は萌芽力が強いので、シラカシやウバメガシ同様、よく生け垣にするが、枝を切り詰めるとドングリはならない。

関東ではよく生け垣にする

シラカシ

ブナ科コナラ属の常緑高木。カシにしては寒さに強く、山にも多い。名は、材が淡い赤褐色でアカガシよりは白っぽいため。材は堅いカシ類のなかでも粘りがあって良質とされ、薪や炭のほか、農具や大工道具などの柄に使われた。

花が咲くのは5月。雄花の花穂は新枝のつけ根や前年枝からたくさん垂れさがり、小さな雌花の花穂は新枝の先に直立する。

雄花
1〜3個ずつかたまってつく。雄しべは3〜6本。

葉は薄いが革質。裏は灰色がかった緑色で、若葉のうちは長い毛が生えている。

春に出る若葉は赤みをおびる。

常緑樹なので、関東の農村部では屋敷の北西に北風よけに植えた。4角に刈りこんで塀のように仕立てることも多い。

雌花
花穂に3、4個つく。雌しべの花柱は3本。基部をあとで殻斗になる総苞が取り巻いている。

ドングリは1年型で、その年の10月には熟す。タンニンが多いので渋い。

暖地では11月に入っても緑色のドングリが見られる。

ドングリは卵形で、長さ1.5〜1.8㎝ほど。殻斗には鱗片がくっついた6〜8個の輪があり、灰色の細い毛が密生する。

アカガシの葉には鋸歯がない。

■アカガシ
西日本に多い。ドングリは2年型で長さ2㎝ほどあり、殻斗には褐色の毛が密生してビロードのよう。葉は、この仲間としては唯一、鋸歯がない。

シラカシ

関東ではちょっと珍しい
ウラジロガシ

ブナ科コナラ属の常緑高木。東海から西の山ろくに多いカシ。名は、葉の裏が白いことから。シラカシと同じように、タンニンやフラボノイドを含む葉を胆石や腎臓結石に使い、堅い材は建築材や器具材にした。

花は5月に咲く。雄花の花穂は新枝のつけ根からたくさん垂れさがり、小さな雌花の花穂は新枝の先で直立する。

雄花
1～3個ずつかたまってつく。雄しべは3～6本。

雌花
花穂にふつう3、4個つく。雌しべの花柱は3本。基部をあとで殻斗になる総苞が取り巻く。

前年枝
去年できたドングリが見つかる

雄花の花穂

葉は薄い革質で、裏ははじめ絹毛で薄茶色。この毛はやがて抜け落ち、ロウ物質が分泌されて白くなる。こげ茶色になった落ち葉では白さがいっそう目立つが、火に近づけるとロウ物質は溶けてしまう。

裏

落ち葉の裏

ドングリは2年型。翌年の夏に生長をはじめ、10月に茶色に熟す。タンニンを含むため渋いが、アク抜きして食べた。

ドングリは卵形で長さ1.2〜2㎝ほど。殻斗には鱗片がくっついた7個の輪があり、薄茶色の毛が密生する。

■オキナワウラジロガシ

奄美大島や沖縄のカシで、別名ヤエヤマガシ。ドングリは2年型。直径2〜2.7cmにもなり、日本では最大。殻斗には9個前後の輪がある。

オキナワウラジロガシも葉の裏が白い。

備長炭で知られる
ウバメガシ

ブナ科コナラ属の常緑低木。海ぞいの岩だらけの崖地などで育ち、生長が遅い。材はたいてい曲がっているが非常に堅く、製炭材としては最高級。鉄のように堅いため、火力が強くて火持ちする備長炭ができる。小さな葉を茂らせるため、生け垣にもする。

花は4～5月に咲く。雄花の花穂は新枝の下部で垂れさがり、小さな雌花の花穂は新枝の先で直立する。

雌花
花穂にふつう1、2個ずつつく。雌しべの花柱は3本。基部はあとで殻斗になる総苞に包まれる。

前年枝
探せばドングリ小僧が見つかる。

小さな鋸歯

春、枝先から伸びでる若葉は、タンニンが多くて茶褐色。この新芽で姥女（老婦人）が歯を黒く染めたという。

雄花（蕾）
花穂は2cmあまりで、あまり目立たない。雄しべは4、5本。葯が開くと、黄色の花粉が出る。

裏

葉は厚い革質。長さ3～6cmで、この仲間ではもっとも小さい。裏は淡緑色。若いうちだけ毛がある。

若葉

ドングリは2年型。翌年の夏にようやく生長をはじめ、晩秋に熟す。

①ドングリ小僧。小さいまま年を越す。

②初夏をすぎると、日増しに大きくなる。

③ドングリが黄色から茶色になるのは晩秋。

ドングリは楕円形で、長さ2cmほど。殻斗はほかのカシとちがい、ナラ類のように鱗片が屋根瓦のように並ぶ。

地面に積もった枯れ葉をどけると、皮が割れたドングリが出てきた。

関東でシイといったら
スダジイ

ブナ科シイ属の常緑高木。照葉樹林を代表する木で、とくに関東に多く、公園や神社にはよく大木がある。材は薪や炭にされ、腐りにくいので建築材や船舶材、シイタケのホダ木にもした。シイタケはシイの木に出るキノコという意味。

花は5～6月に咲く。この仲間は虫媒花なので、甘く青臭いような強い香りを振りまいて甲虫などを呼び寄せる。雄花の花穂は新枝の下部から斜上して垂れ、雌花の花穂は新枝の先から立ちあがる。

雌花
雌しべの花柱は3本。基部はあとで殻斗になる総苞に包まれている。

雄花
小さな花びらがあり、長い雄しべが10～12本突きでる。

葉は革質。裏には鱗状の毛が密生してはじめ銀色だが、しだいに茶褐色をおびる。寿命は1年で、翌年の夏までにほとんど落葉し、新しい葉と入れかわる。

鋸歯があるものとないものがある。

ツブラジイのドングリはスダジイ同様、古代は重要な食料で、一昔前までは子どものおやつだった。

ドングリは2年型。いわゆる椎の実で、翌年の秋に熟す。生で食べてもほのかに甘みがあり、炒れば香ばしくておいしい。樹皮からはタンニンが採れ、魚網を染める。

①翌年の初夏になってもドングリは小さい。盛夏に入るとふくらみはじめるが、穂の先端部はシイナになって柄ごと落ちることが多い。

②10月には殻斗が3つに割れ、茶色に熟したドングリが顔を出す。

ドングリは水滴形で、長さ1.2〜2.1㎝。殻斗の鱗片はくっついて、さざ波のような輪をつくる。

■ツブラジイ
西日本に多い。ドングリは、やはり2年型。長さ0.6〜1.3㎝で、スダジイより丸くて小さい。別名コジイ。ツブラは丸いという意味。

秋に花をつける
シリブカガシ

ブナ科マテバシイ属の常緑高木。近畿以西の暖地に生える。名については、堅果のお尻にくぼみがあるからとか、殻斗が深めだからとかいわれる。堅い材はかつて薪や炭にされ、建築や器具にも使われた。

花は虫媒花で、強い匂いを放つ。9～10月に咲くため、同じ枝に熟す寸前のドングリが同居する。花穂は新枝から出て斜上し、下のほうの花穂に雄花を、上のほうの花穂に雌花をつけることが多い。

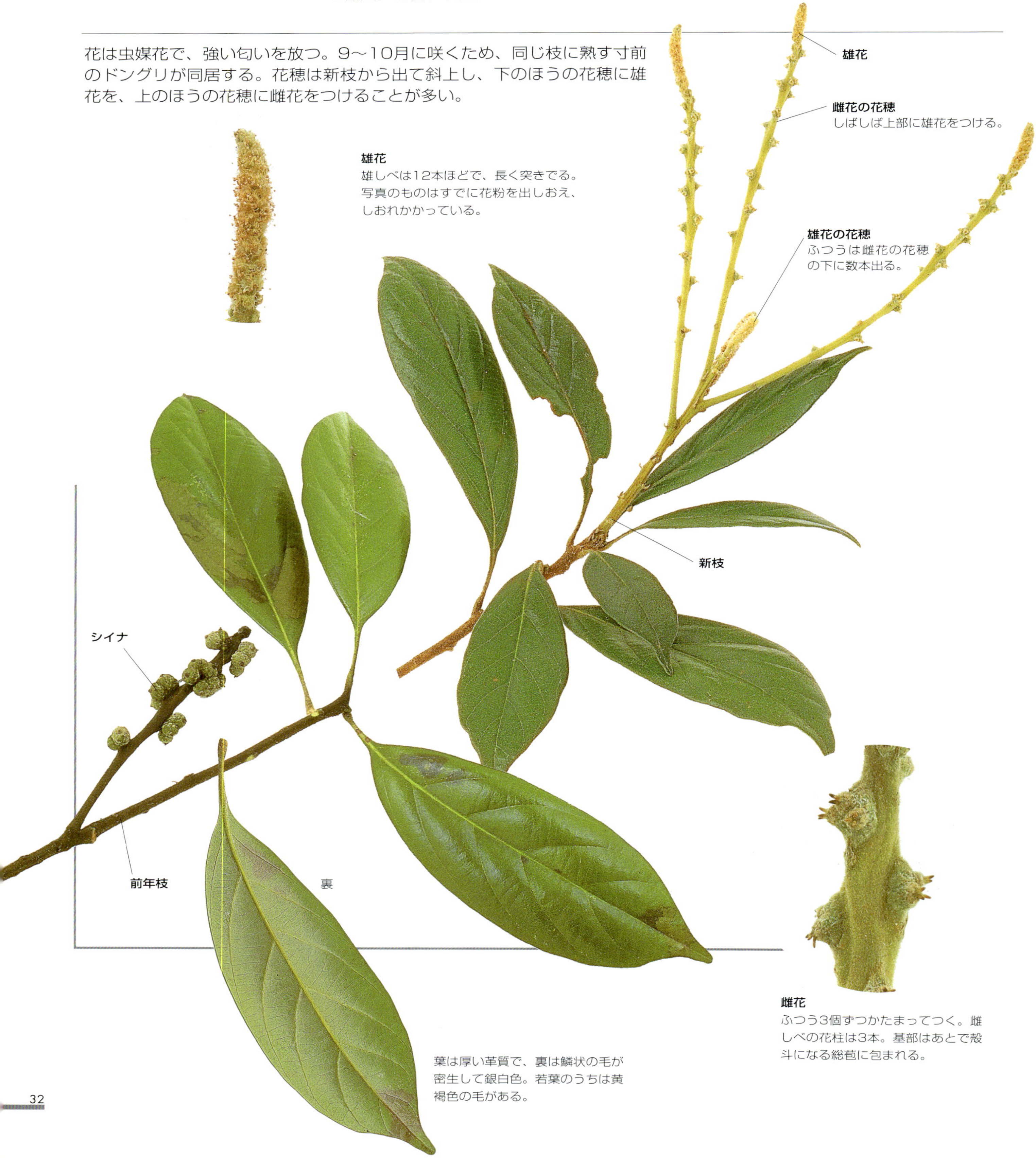
雄花
雌花の花穂
しばしば上部に雄花をつける。
雄花の花穂
ふつうは雌花の花穂の下に数本出る。
新枝
シイナ
前年枝
裏

雄花
雄しべは12本ほどで、長く突きでる。写真のものはすでに花粉を出しおえ、しおれかかっている。

葉は厚い革質で、裏は鱗状の毛が密生して銀白色。若葉のうちは黄褐色の毛がある。

雌花
ふつう3個ずつかたまってつく。雌しべの花柱は3本。基部はあとで殻斗になる総苞に包まれる。

ドングリは翌年の秋に熟す2年型。
渋みが少なくて生でも食べられるので、昔は食料にした。

①10月下旬にはすでにドングリの形になる。翌年の初夏までほぼこのまま。

②夏にはふくらみはじめるが、多くはシイナで、生長することなく終わる。

③秋、枝先で花が咲くころ、紫褐色をおびはじめる。白いものはロウ物質で、触ると体温で溶ける。

熟したドングリの果穂

ドングリは長さ1.5～2.5㎝。お尻がすりばち状にくぼむ。殻斗では鱗片が屋根瓦のように並ぶ。

今ではどこの公園にもある
マテバシイ

ブナ科マテバシイ属の常緑高木。別名サツマジイ。もともと九州や沖縄の木で、古い時代に人の手で海ぞいに運ばれたという。現在は公園樹や街路樹としてすっかりおなじみ。材はかつて薪や炭にされ、千葉では枝をアサクサノリのヒビとして干潟に立てた。

花は6月。虫媒花で、シイのように強い匂いを放って昆虫を呼ぶ。雄花の花穂は新枝の下部で斜上し、雌花の花穂は新枝の先に直立する。

雄花の花穂
1～3個ずつかたまってつく雄花には小さな花びらがあり、12本の雄しべが長く突きでる。

雌花の花穂
先端に雄花がつくこともある。

雌花
1～3個ずつかたまってつく。雌しべの花柱は3本。基部はあとで殻斗になる総苞に包まれる。

ドングリの形や大きさは、けっこう木によってちがっている。これはほかのドングリも同じだ。

ドングリは2年型で、翌年の秋に熟す。渋みがなくて生食でき、炒ったりゆでたりして食べた。九州では酒をつくる。子どもが笛をつくって遊ぶこともあった。

葉は厚い革質。長さが20㎝になるものもあり、日本の常緑樹としては大型。裏は若いうちは褐色をおびるが、生長すると銀色がかった淡緑色となる。葉の寿命は3年以内。黄色や赤茶色になって少しずつ落葉していく。

落ち葉

① ドングリ小僧。小さいまま冬を越し、6月に入ってもまだ殻斗にすっぽり包まれている。

② 6月末、ドングリが顔を出した。

③ 10月にはすっかり大きくなって色づきはじめるが、シイナで終わるものもある。白いものはロウ物質。

弾丸形のドングリは長さ1.5～2.5㎝で、お尻が少しくぼむ。殻斗の鱗片は屋根瓦のように並ぶ。

ドングリの背くらべ

平凡でとくに優れたものがいない集団をからかって「団栗の背くらべ」という。たしかにドングリはどれもよく似ていて見分けにくいが、野山で食べ物を採集して暮していた古代人なら違いは一目瞭然だったかもしれない。
日本で最大のドングリはクリだ。「クリはドングリではない」というなら、ナンバーワンは断然オキナワウラジロガシで、下のように並べてみるとその大きさがよくわかる。しかし、熱帯アジアには大人の握りこぶし大になる巨大なドングリがあるという。

スダジイ　　ツブラジイ　　マテバシイ

オキナワウラジロガシ　　ウラジロガシ　　コナラ

シリブカガシ　シラカシ　アカガシ　アラカシ

アベマキ　クヌギ

写真は実物の約1.5倍
（ドングリ：千葉県立中央博物館）

ドングリ勢ぞろい

■殻斗が屋根瓦ふうのタイプ

コナラ（コナラ属・落葉）
ドングリ／1年型。長さ1.6〜2.2㎝。
葉／長さ7.5〜10㎝。裏は毛があって灰白色。

ミズナラ（コナラ属・落葉）
ドングリ／1年型。長さ2〜3㎝。
葉／長さ7〜15㎝。裏は毛があって淡緑色。
葉柄がほとんどない。

シリブカガシ（マテバシイ属・常緑）
ドングリ／2年型。長さ1.5〜2.5㎝。
葉／長さ8〜12㎝。裏は毛が密生して銀白色。

ナラガシワ（コナラ属・落葉）
ドングリ／1年型。長さ2㎝ほど。
葉／長さ12〜30㎝。裏は灰白色。葉柄は1〜3㎝。

ウバメガシ（コナラ属・常緑）
ドングリ／2年型。長さ2㎝ほど。
葉／長さ3〜6㎝。裏は淡緑色。

マテバシイ（マテバシイ属・常緑）
ドングリ／2年型。長さ1.5〜2.5㎝。
葉／長さ5〜20㎝。裏はやや淡褐色をおびる。

ヨーロッパナラ（コナラ属・落葉）
ドングリ／1年型。長さ2.5㎝ほどで、長い柄がつく。
葉／長さ12㎝ほど。大きな波状の鋸歯がある。

アカガシワ（レッドオーク）（コナラ属・落葉）
ドングリ／1年型。長さ2.5㎝ほど。
葉／長さ20㎝ほど。羽状に切れこむ。

■イガ座ぶとんに乗るタイプ

カシワ（コナラ属・落葉）
ドングリ／1年型。長さ1.5〜2㎝。
葉／長さ12〜32㎝。裏は毛が密生して淡褐色。

クヌギ（コナラ属・落葉）
ドングリ／2年型。径2〜2.3㎝。
葉／長さ8〜15㎝。裏に黄褐色の毛がある。

アベマキ（コナラ属・落葉）
ドングリ／2年型。径1.8㎝ほど。
葉／長さ12〜17㎝。裏は毛が密生して灰白色。

■殻斗に輪があるタイプ

シラカシ（コナラ属・常緑）
ドングリ／1年型。長さ1.5〜1.8cm。
葉／長さ7〜14cm。裏は灰緑色。

アラカシ（コナラ属・常緑）
ドングリ／1年型。長さ1.5〜2cm。
葉／長さ7〜12cm。裏は毛が密生して灰白色。

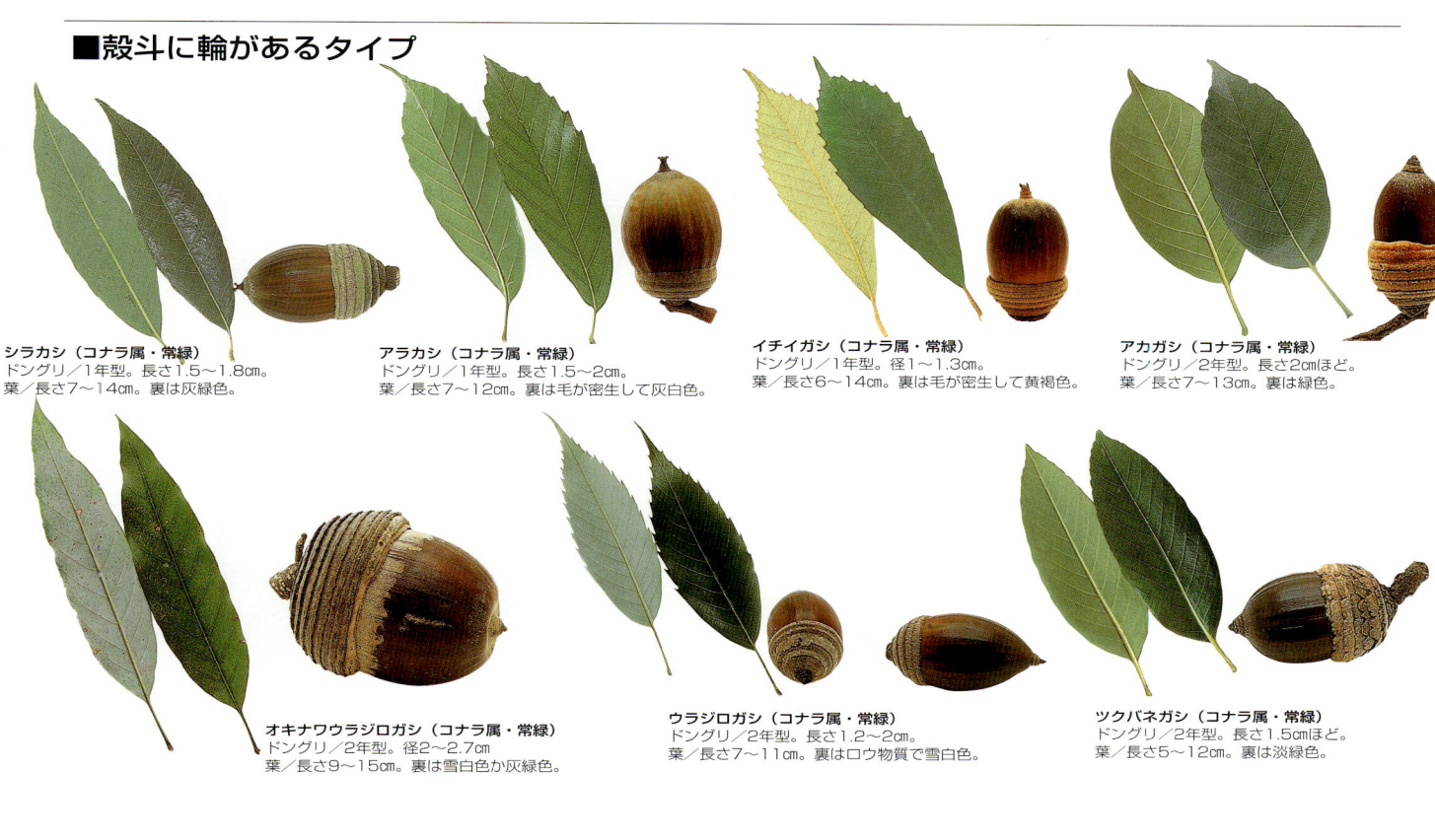

イチイガシ（コナラ属・常緑）
ドングリ／1年型。径1〜1.3cm。
葉／長さ6〜14cm。裏は毛が密生して黄褐色。

アカガシ（コナラ属・常緑）
ドングリ／2年型。長さ2cmほど。
葉／長さ7〜13cm。裏は緑色。

オキナワウラジロガシ（コナラ属・常緑）
ドングリ／2年型。径2〜2.7cm
葉／長さ9〜15cm。裏は雪白色か灰緑色。

ウラジロガシ（コナラ属・常緑）
ドングリ／2年型。長さ1.2〜2cm。
葉／長さ7〜11cm。裏はロウ物質で雪白色。

ツクバネガシ（コナラ属・常緑）
ドングリ／2年型。長さ1.5cmほど。
葉／長さ5〜12cm。裏は淡緑色。

■殻斗が割れるタイプ

ツブラジイ（シイ属・常緑）
ドングリ／2年型。長さ0.6〜1.3cm。
葉／長さ5〜10cm。裏は灰褐色。

スダジイ（シイ属・常緑）
ドングリ／2年型。長さ1.2〜2.1cm。
葉／長さ5〜15cm。裏は銀白色から灰褐色になる。

クリ（クリ属・落葉）
ドングリ／1年型。長さ2〜3cm。
葉／長さ7〜14cm。裏は淡緑色。

ブナ（ブナ属・落葉）
ドングリ／1年型。長さ1.5cmほどで、3稜がある。
葉／長さ4〜9cm。裏は淡緑色。

イヌブナ（ブナ属・落葉）
ドングリ／1年型。長さ1〜1.2cmで、長い柄でぶらさがる。
葉／長さ5〜10cm。裏は淡緑色。

松ぼっくりの森（針葉樹の森）

海辺のクロマツ林や裏山のアカマツ林を歩くと、松ぼっくりがたくさん落ちている。郊外の山ではスギやヒノキの、深山ではコメツガやトウヒなどの松ぼっくりが拾える。

松ぼっくりをつける針葉樹は驚くほど長生きで、まっすぐ伸びてあたりを見下ろす高木になることが多い。そのうえ冬も葉を落とさないので、古代は生命力のシンボルだった。

しかし、鉄が伝わり、鋭い刃物で切りわけた板で家をつくるようになった古墳時代以降は、加工しやすい針葉樹が集中的に切りだされるようになる。

スサノオノミコトはヒゲを抜いてスギを、胸毛からヒノキを、尻毛からマキを、眉毛からクスノキを生み、スギとクスノキで舟を、マキで棺を、ヒノキで宮殿をつくるよう命じたという。この有用木のうち、3種類が針葉樹だ。

町は周囲の針葉樹を食いつくしながら大きくなっていった。とくにヒノキは遷都のたびに大量に伐採したため、平安時代にはすでに近畿地方から姿を消していたといわれる。

それでも独特の木の文化が長く引きつがれてきたのは、室町時代にヒノキやスギの植林が始まり、その後マツやケヤキなどもさかんに植林されたおかげ。戦後、生長が早いスギの植林地があまりにも拡大し、花粉症が社会問題になったりして、針葉樹のイメージは落ちてしまったが、彼らにすればずいぶんと言い分があるにちがいない。

秋の幽玄なシラビソの林。
運がよければ松ぼっくりが拾える。

松ぼっくりの森（カラマツ林）

カラマツは日本では唯一の落葉針葉樹だ。秋には細い葉が黄色になり、やがて松ぼっくりを枝に残してはらはらと散っていく。

長野県や北海道などでは広く植林されているが、本来の生育地は本州中部などの山岳部。火山灰地で純林をつくったり、オオシラビソやコメツガなどにまじって生えたりしている。

山ではきびしい寒さや乾燥にさらされるため、カラマツは広葉樹のように葉を落としてしまう。いっぽう、さらに条件がきびしい高山では、常緑の針葉樹が葉を細く小さくし、厚いクチクラでおおってガードしている。気孔も大事な水分が逃げにくいよう陥没させていて、冬には樹脂でいちいち孔をふさぐ。いっそ葉を落とせば面倒がないように思えるが、落葉樹は春になっても若葉が伸びるまで光合成できないのだ。

針葉樹の仲間は、現在よりずっと気温が高かった中生代に栄えた。しかし、ユカタン半島に巨大な隕石が落下すると、大量の粉塵で太陽の光がさえぎられて気温が急激に下がったため、多くが恐竜とともに滅んでしまった。

現在、地球上で見られる針葉樹は、その5000万年ほどあとにやってきた寒冷期をもくぐりぬけた生き残り。気温が下がるにつれて、シベリアのダフリアカラマツのように寒冷で乾燥した環境に適応して北にとどまるグループと、スギやヒノキのように温暖で雨の多い本来の生育場所に退くグループに分かれていったという。

秋、みごとに黄葉したカラマツ林。
枝にはたくさんの松ぼっくりがついている。

「松かさ」ともいう
松ぼっくりの正体

タネのもとが胚珠、そのおくるみが子房。この子房がタネを包む果実になる。針葉樹の多くは球果、つまり松ぼっくりをつけるが、裸子植物は子房をつくらないグループで、胚珠はむき出し、タネもむきだし。松ぼっくりは果実ではなく、裸のタネの保育器だ。

クロマツは春、新しく伸びた枝の根元にたくさんの雄花をつけ、大量の花粉を風で飛ばしはじめる。花粉は小さくて軽く、しかも空気を入れた気のうがつくため、風で遠くまで運ばれていく。針葉樹の花はすべて風媒花。原始的で、被子植物の花とは見かけも構造もずいぶんちがう。

小胞子葉
葯（花粉のう）
雄しべ
花軸

アカマツの雄花(断面)
花びらも萼もなく、花軸に雄しべがらせん状にびっしりつくだけ。雄しべは葉が変化した小胞子葉と花粉をつくる葯（花粉のう）でできている。葯は1つの小胞子葉に2個ずつつく。

クロマツの雄花と雌花

雌花（蕾）
雄花（蕾）
去年できた小さな松ぼっくり

大胞子葉
苞鱗
雌しべ

クロマツの雌花は数mmの大きさ。たくさんの大胞子葉が花軸にらせん状につき、それぞれがお腹にむきだしの胚珠を2個抱いている。この大胞子葉の背中には必ず苞鱗がつく。

アカマツの雌花は、クロマツよりもとがった大胞子葉が目立つ。

2cmほどに生長して花粉を出しはじめた雄花。

ソテツの実

赤いタネは、長さ2～4cm。飢饉のときには食べたが、有毒成分を含む。肌色の葉のようなものが大胞子葉。

ソテツ
針葉樹よりさらに原始的な裸子植物。雄の木に立つ雄花は長さが50～70cmもあるが、これはクロマツの雄花が巨大化したようなもの。キャベツのような雌花ではつけ根に6個の胚珠をつけた大きな大胞子葉が束になってつき、秋にはタネが赤く熟す。被子植物の雄しべや雌しべ、花びらも葉が変化したものだ。

クロマツの松ぼっくりは熟すまでに1年半かかる。花粉管の生長がゆっくりで、受粉から受精までに13カ月もかかるためだ。

①胚珠に花粉がつくと、雌しべはさっさと閉じ、タネを育てる果鱗に変身する。

種鱗
苞鱗
果鱗
果軸

②翌年の春の松ぼっくりはまだ長さ1㎝ほど。花粉管は冬のあいだ休んでいて、春に活動を開始する。

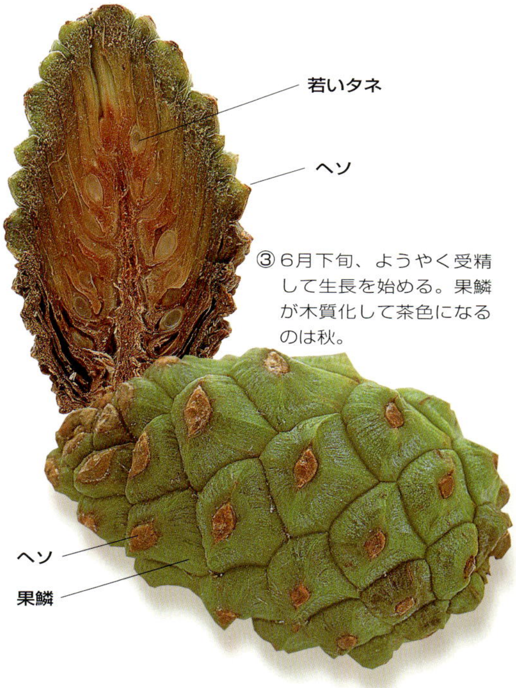

若いタネ
ヘソ
ヘソ
果鱗

③6月下旬、ようやく受精して生長を始める。果鱗が木質化して茶色になるのは秋。

モミの果鱗

苞鱗
種鱗

背中側

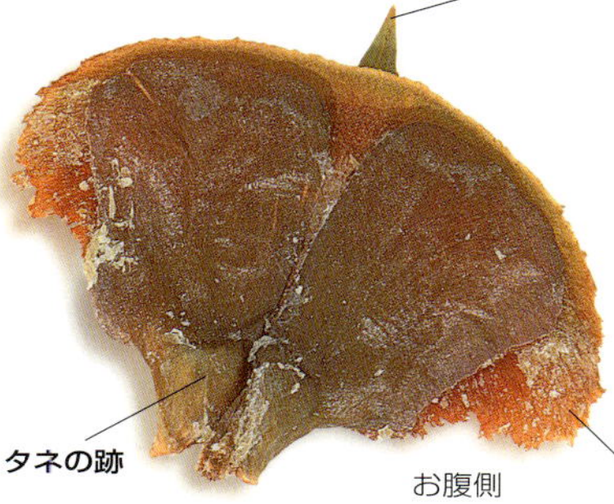

苞鱗
タネの跡
種鱗

お腹側

アカマツやクロマツの苞鱗は花のうち目立つが、その後ほとんど発達せずに萎縮してしまう。しかし、モミやトガサワラではよく発達して、種鱗の外へ突きでる。

受精までの時間は種類によってちがい、その年の秋に熟すものも3度目の秋に熟すものもある。ふつう熟すと果鱗が木質化して開き、すきまからタネをこぼす。

翼をつけたタネ
種鱗
苞鱗
タネ
翼

フランスカイガンショウの松ぼっくり(断面)

タネにはたいてい翼があり、風で飛ばされるとくるくる旋回しながら地面に軟着陸する。

高原で黄葉する

カラマツ

マツ科カラマツ属の落葉高木。葉のつき方が身近なクロマツやアカマツとちがうので、唐（中国）ふうの松、という意味の名をもらったが、日本の中部山岳地帯に生える木。北海道では広く植えられていて、千島やサハリン原産の仲間グイマツの林もある。

花は4～5月。雄花は短枝に下向きにつき、雌花は短枝にほぼ直立する。カラマツは秋の黄葉がみごとだが、花と若葉が同時に開く春も美しい。

頂芽
新しい長枝が伸びでる。
短枝
節がつまった短い枝。年々伸びるが、1cm以上にはならない。先に柔らかい針状の葉が20～30本つく。
雄花
雌花
去年伸びた長枝
去年の松ぼっくり

苞鱗
先が尻尾状。花のうちは大胞子葉より大きい。

■ヨーロッパカラマツ
雌花が暗赤色。松ぼっくりは長さ4cmほどになり、熟しても果鱗の先はそらない。

雌花
苞鱗がピンクの花びらのようで美しい。長さ1cmほど。

雄花
雌花より小さくて目立たない。そのかわりたくさんつき、大量の花粉を風で飛ばす。

松ぼっくりは１年型。上向きのまま、その年の9～10月には熟す。

果鱗
種鱗
苞鱗

① 受粉すると雌しべは閉じる。やがて果鱗として生長するが、アカマツのように先が肥厚することはない。

苞鱗

② 初夏の松ぼっくり。苞鱗は発達しないので、もうほとんど見えない。夏の終わりには果鱗が木質化しはじめ、やがて黄褐色になって開く。

果鱗の先がそる

タネはすでに風で飛ばされてないが、果鱗の腹側に翼の跡が残っている。
樹脂

翼
タネ

松ぼっくりは長さ2～3㎝。先が外側にそる果鱗は、お腹に翼のあるタネを２個ずつ抱いている。

タネがほとんど落ちたころに葉が色づき、松ぼっくりを枝に残して散っていく。その秋らしい風情が好まれ、落葉松の字をあてて歌に詠まれる。

カラマツの黄葉した葉

マツタケが生える
アカマツ

マツ科マツ属の常緑高木。名は幹が赤いことから。ふつうクロマツより内陸に生える。集落の裏山に多いのは、長年落ち葉をかき、柴を刈ったりしていると、乾燥したやせ地に強いアカマツが生えてくるため。マツタケはやせた明るいアカマツ林に生える。

花は4～5月。雄花は新枝の根元に群がり、雌花は新枝の先に2、3個つく。写真では雄花と雌花が別々だが、同じ枝につくことが多い。前年枝には去年できた、まだ小さな松ぼっくりもついている。

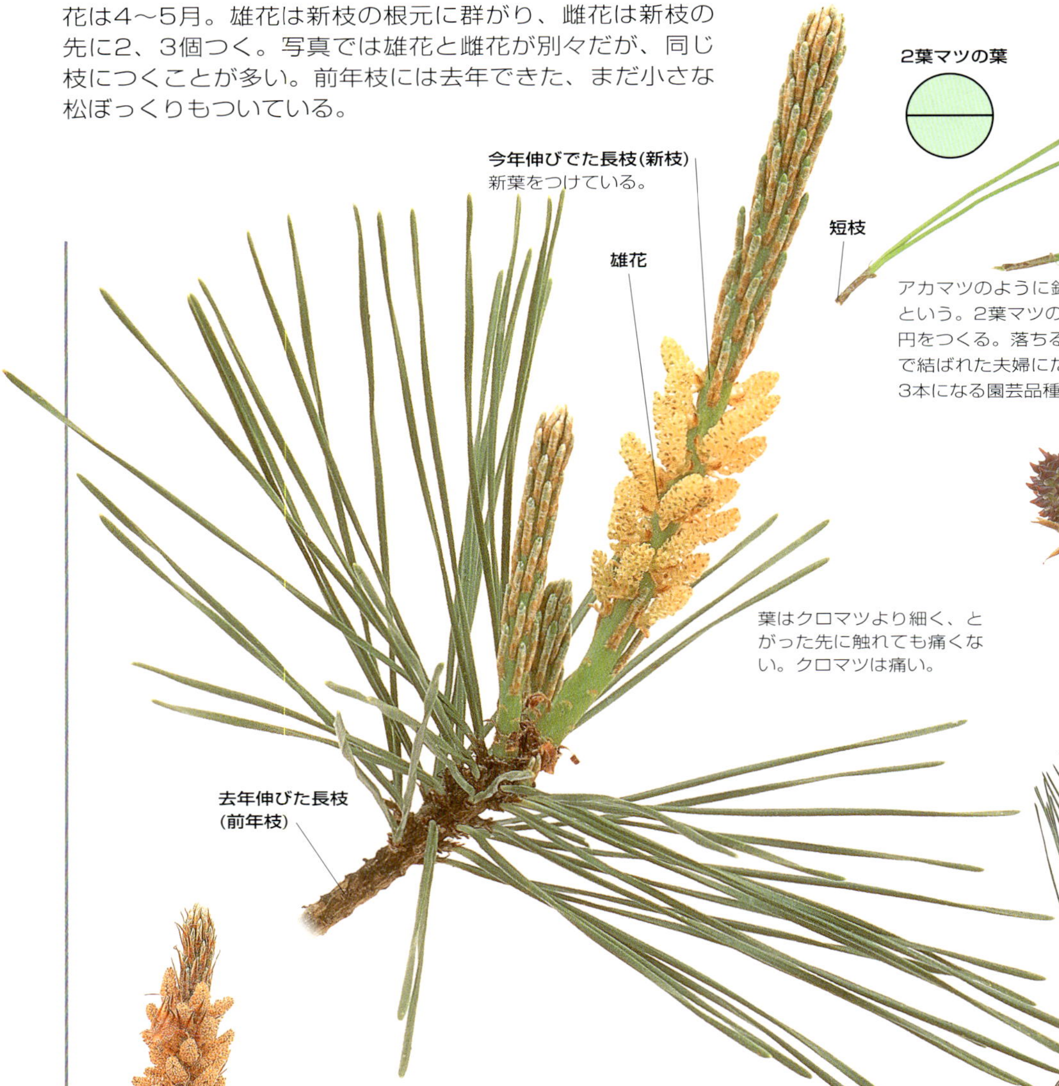

今年伸びでた長枝(新枝)
新葉をつけている。
雄花
去年伸びた長枝(前年枝)

葉はクロマツより細く、とがった先に触れても痛くない。クロマツは痛い。

2葉マツの葉

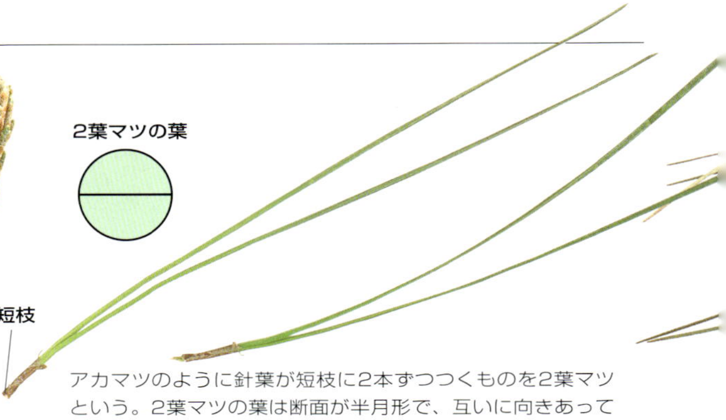

短枝

アカマツのように針葉が短枝に2本ずつつくものを2葉マツという。2葉マツの葉は断面が半月形で、互いに向きあって円をつくる。落ちるときも短枝ごといっしょなので、堅い絆で結ばれた夫婦にたとえられるが、アカマツには葉が1本や3本になる園芸品種もある。

大胞子葉
苞鱗
雌しべ

雌花
重なりあう雌しべを開き、風で飛ばされてくる花粉を待ち受ける。苞鱗は花後しだいに萎縮して見えなくなる。

雌花
去年できた松ぼっくり

雄花の花穂
早春は枝先で松ぼっくりのように丸くかたまっているが、新枝が伸びるにつれて長くなる。

■クロマツ
海岸に多い2葉マツ。松ぼっくりは長さ4～6㎝。

■リュウキュウマツ
沖縄と九州の2葉マツ。2年目に熟す松ぼっくりは長さ4～6㎝。アカマツのように果鱗のヘソに刺がある。

松ぼっくりは翌年の秋に熟す2年型。受粉しても受精までに1年以上かかり、受精後はしだいに下を向く。

古い松ぼっくり
今年の松ぼっくり

① 受粉すると雌しべが閉じ、松ぼっくりはやや横を向く。

ヘソに刺状の突起

② 翌年の初夏に受精すると、生長を始める。マツ類の果鱗は先が厚くふくらむ。

③ 果鱗が木質化して褐色になった。

④ タネが熟すにつれて果鱗が開いていく。

⑤ 松ぼっくりはしだいに下を向き、果鱗のすきまからタネを飛ばす。松ぼっくりは1年ほど枝についている。

松ぼっくりは長さ4〜5㎝で、クロマツにくらべ、ひと回り小さい。果鱗はお腹にタネを2個ずつ抱いている。このタネには長い翼がある。

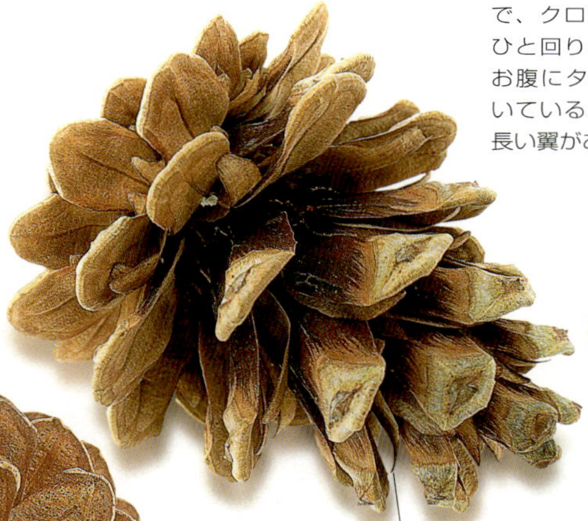
翼をつけたタネ

翼の跡

高い山に多い
ゴヨウマツの仲間

日本にはマツの仲間が7種あり、アカマツとクロマツ、リュウキュウマツ以外は針葉が短枝に5本ずつ束になってつく5葉マツ。5葉マツの葉は断面がほぼ3角で、5本向きあうと円になる。

■ゴヨウマツ

マツ科マツ属の常緑高木

山岳部に生える。葉が長さ3～6cmと小ぶりなので、別名ヒメコマツ。キタゴヨウ、ハッコウダゴヨウなど、いくつか変種がある。花は5～6月。

松ぼっくりは熟すとやや下を向く。

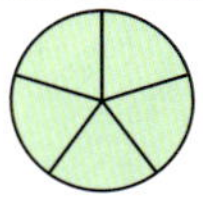

葉は先がとがるが、触れても痛くない。断面は3角。2面に帯状の白い気孔帯がある。白いものは樹脂。

ゴヨウマツの松ぼっくりは2年型で、翌年の秋に褐色に熟す。長さ5～8cm。タネにつく翼はタネより短い。

キタゴヨウの松ぼっくり。長さが6～10cmあって、ゴヨウマツより大きい。タネにつく翼はタネより長い。

松ぼっくりも見る角度によって表情がちがう。

■ハイマツ

マツ科マツ属の常緑低木

高山のお花畑の下で文字どおり地をはっている。松ぼっくりは2年型で、翌年の8～9月、ほぼ横向きになって緑褐色に熟す。長さ3～5cm。タネは大きくて長さ1cmほど。

ふつうは熟しても果鱗が開かない。ホシガラスが持ち去り、タネをついばむ。

葉は長さ4～8cm。高山は寒さと乾燥がきびしいので、クチクラでしっかりガードされ、固くて太い。2面に白い気孔帯がある。枝に密につくのは、雪を集めて中にもぐり、冷気と強風をさけるためという。

■ヤクタネゴヨウ

マツ科マツ属の常緑高木

屋久島と種子島だけに生える。松ぼっくりは2年型で、やや下を向いて熟す。長さ4～11cm。果鱗は大きく開き、縁が外側にめくれる。タネには翼がない。

青みがかった葉は長さ5～8cm。

■チョウセンゴヨウ

マツ科マツ属の常緑高木

日本では亜高山帯に生える。松ぼっくりは2年型で、やや下を向いて緑褐色に熟すが、果鱗はふつう開かない。長さ10～15cmと大型。リスなどが、かじってタネをとりだす。葉は長さ6～12cm。

葉はやや柔らかで、触っても痛くない。2面に白い気孔帯がある。

タネも大きくて、長さ1.5cmほど。翼はない。デンプンやタンパク質を大量に含むので、「松の実」として食用にされる。

2葉マツ・3葉マツ・5葉マツ
北アメリカの松ぼっくり

北アメリカは松ぼっくり王国。世界に100種ほどあるマツ属のうち、60種以上が集中していて、長さ45㎝にもなる松ぼっくりをぶらさげるアヤカフィテマツ、大きなタネを食用にしたメキシコショクヨウマツ、葉が1本しかないアメリカヒトツバマツなどが見られる。

■サンドパイン

Pinus clausa

アメリカ南部のアラバマ州やフロリダ州のマツ。モデルの松ぼっくりは長さ6㎝。果鱗のヘソに小さな突起がある。

2葉マツ

■ストローブマツ

Pinus storobus

アメリカ東部の低地に生える5葉マツで、ウェイモウスパインとかイースタン・ホワイトパインとか呼ばれる。松ぼっくりは2年型で、枝先に柄でぶらさがる。やや曲がり、白い樹脂がつくことが多い。長さ8～15㎝。日本でも植林されているが、松枯れ病を起こすマツノザイセンチュウはストローブマツについてきたといわれる。

5葉マツ

3葉マツ

■ジェフリーマツ

Pinus jeffreyi

カリフォルニア州の高い山に生える3葉マツで、英名ジェフリーパイン。松ぼっくりは大きなものでは長さ30cm近くなり、下向きになって熟す。果鱗のヘソには鋭い刺がある。

3葉マツ

■ディッガーパイン

Pinus sabiniana

カリフォルニア州のマツ。モデルの松ぼっくりは長さ8cm。果鱗の先は厚く、ヘソの大きな突起がめくれあがる。ずっしりと重い。

3葉マツ

■テーダマツ

Pinus teada

アメリカ南東部のアパラチア山脈の温暖な湿地などに生える3葉マツで、英名ロブロリーパイン。松ぼっくりは1年型。果鱗のヘソに鋭い刺がある。長さ8～15cm。日本でも暖地の公園などに植えられている。

3葉マツ

■オオミマツ

Pinus coulteri

カリフォルニア州の乾燥した山地に生える3葉マツで、英名はビックコーンパイン。松ぼっくりはときに30cm以上になり、白い樹脂をかぶることが多い。果鱗の先は厚く、ヘソの太い突起がめくれあがる。ふつうは何年も開かない。

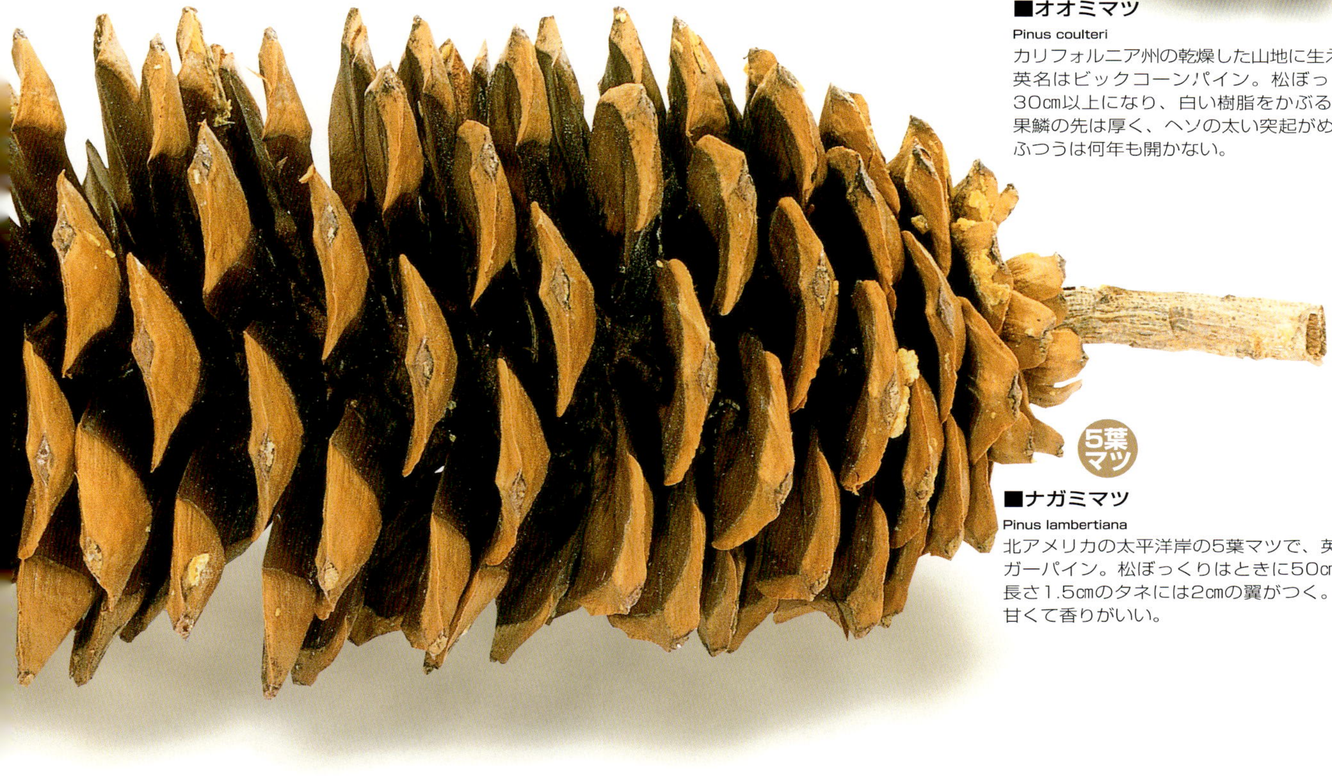

5葉マツ

■ナガミマツ

Pinus lambertiana

北アメリカの太平洋岸の5葉マツで、英名シュガーパイン。松ぼっくりはときに50cmになる。長さ1.5cmのタネには2cmの翼がつく。樹脂は甘くて香りがいい。

北アメリカの松ぼっくり

■モントレーマツ
Pinus radiata

別名ラジアータマツ。カリフォルニア州の乾燥した海ぞいの斜面などに生え、英名モントレーパイン。3葉マツだが、2本になることもある。松ぼっくりは長さ12㎝ほど。ゆがんだ形になり、いつまでも枝についている。世界各地で植林されていて、材はニュージーランドマツの名で輸入されている。

■リギダマツ
Pinus rigida

アパラチア山脈の湿地などに生える3葉マツで、英名ピッチパイン。松ぼっくりは2年型。やや下向きになって熟す。長さ5～8㎝。果鱗のヘソに大きな針があり、10年以上枝についている。日本でも公園などに植えられている。

■グレッギーパイン
Pinus greggi

メキシコ北東部のマツ。モデルの松ぼっくりは長さ10～15㎝。果鱗の先は上端が大きくふくらむ。

■スラッシュマツ

Pinus elliottii

別名エリオットマツ。アメリカ南部の湿地帯に生える3葉マツで、2葉がまじる。松ぼっくりは長さ6～13㎝で、果鱗のヘソに小さな針がある。2年目の夏には落下する。

3葉マツ

3葉マツ

■ダイオウショウ

Pinus palustris

アメリカ東南部の低湿地などに生える3葉マツ。柔らかい葉が長さ50㎝近くなって垂れさがるため、英名はロングリーフパイン。松ぼっくりは長さ15～20㎝。日本でもよく庭木にされる。

■プンゲンスマツ

Pinus pungens

北アメリカ東部のマツ。モデルの松ぼっくりは長さ7㎝。開くと丸くなり、果鱗のヘソに鋭い大きな突起がつく。

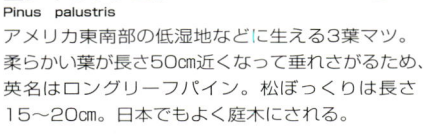

2葉マツ

2葉マツ・3葉マツ・5葉マツ

アジアとヨーロッパの松ぼっくり

アジアのマツ属は約25種で、日本に7種、中国に9種ある。いっぽうヨーロッパには12種が知られ、松ぼっくりがアカマツやクロマツに似ている2葉マツのヨーロッパアカマツやヨーロッパクロマツは日本でも公園などに植えられていることがある。

■イタリアカサマツ
Pinus pinea
地中海の砂地などに生える2葉マツで、英名はイタリアン・ストーンパイン。松ぼっくりはほぼ丸く、長さ10～15㎝。3年目に熟し、果鱗のヘソが2重になる。タネを食用にする。

■フランスカイガンショウ
Pinus pinaster
フランス南西部から西地中海沿岸の砂地などに生える2葉マツで、英名はマリタイムパイン。松ぼっくりは長さ10～20㎝。果鱗のヘソにはふつう突起がある。

■ヒマラヤゴヨウ

Pinus　wallichiana

中国南西部からヒマラヤの山地に生える5葉マツで、英名はヒマラヤパイン。松ぼっくりは2年型で、下向きになって熟す。細長く、白い樹脂をかぶることが多い。長さ15～25㎝。葉も長くて垂れさがる。日本でも庭木にすることがある。

■タイワンアカマツ

Pinus　massoniana

台湾、中国東部、ベトナムの2葉マツ。まれに3葉になる。松ぼっくりは2年型で、長さ4～7㎝。果鱗のヘソに鋭い刺がある。

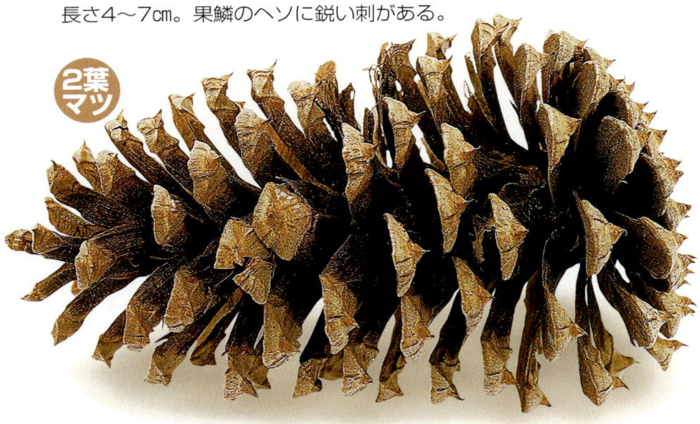

■ヒマラヤマツ

Pinus　longifolia

別名ナガバマツ、ヒマラヤダイオウマツ。中国やヒマラヤの3葉マツ。丸い松ぼっくりは1年型。ふつう長さ10～20㎝、直径6～9㎝になる。果鱗の先は厚く、中央に背骨のような隆起がある。

公園でよく見かける

ヒマラヤスギ

マツ科ヒマラヤスギ属の常緑高木。スギではなくマツの仲間で、樹形が美しいため世界中で植えられる。大木になり、枝葉に強い香りがあるので、原産地ヒマラヤでは神聖な木。仲間のレバノンスギも神聖視され、古代は西アジアで広大な森をつくっていた。

秋の10～11月に花をつける。雄花も雌花も短枝に1つずつ上向きにつくが、雌花は小さくて目立たず数も少ないので見つけにくい。大きな木は、上のほうの枝に熟した松ぼっくりをつけている。

果軸
古い松ぼっくり

熟した松ぼっくり

短枝
葉が20～50本ずつ束になってつく。長枝の先では1本ずつ。

長枝
この仲間は葉や枝に香りのいい樹脂を含む。ソロモンの神殿はレバノンスギでつくられ、古代エジプトでは樹脂を防腐剤としてミイラづくりに使った。

大胞子葉
苞鱗
雌しべ

雌花
小さくて長さ5㎜ほど。重なりあった雌しべを開いて、飛ばされてくる花粉を待つ。

こぼれ落ちた花粉

雄花
長さ2～4㎝。蕾のうちは白緑色。開くと黄色の花粉を大量に風で飛ばし、ぼろぼろと落ちる。

果鱗の背中側

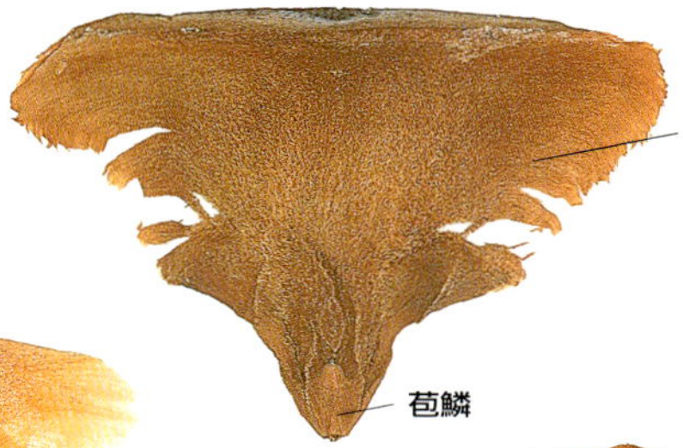
種鱗
苞鱗

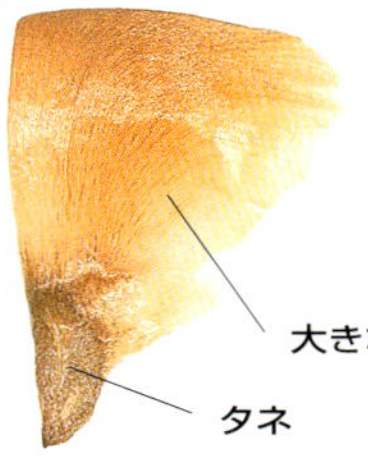
大きな翼
タネ

果鱗の腹側

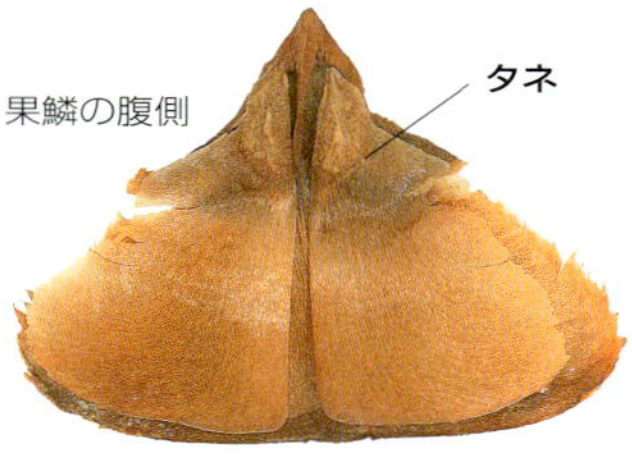
タネ

てっぺんの果鱗は
まとまって落下する。

松ぼっくりは2年型。翌年の晩秋に緑褐色に熟すと、果鱗をばらばらと落とす。

①12月の若い松ぼっくり。雌しべが果鱗になり、生長しはじめている。苞鱗は発達しない。

② 翌年の初夏。大きくなっているが、まだ緑色。

③ 秋には緑褐色になる。

④ 熟すにつれて果鱗が開いていく。

松ぼっくりは長さ6〜13㎝。完全に熟すと果鱗がタネごと果軸から落ちてしまうので、松ぼっくりは拾えない。

果鱗がはがれ落ちるとき、お腹に2個ずつ抱いていたタネがくるくる回りながら風で運ばれていく。

寿命が短い針葉樹

モミ

マツ科モミ属の常緑高木。山本周五郎の『樅の木は残った』で知られるが、寿命はせいぜい150年。東京・代々木の地名はめでたく代を重ねるモミにちなむ。一帯にはかつてモミの森があった。仲間のウラジロモミやトドマツとともにクリスマスツリーに使われる。

花は5月。雄花は前年枝にたくさんぶらさがり、雌花は前年枝に直立する。雌花は黄緑色なので見つけにくい。開花して松ぼっくりをつけるのは、ほぼ3年に1度ともいう。

前年枝
葉は１本ずつびっしりつく。モミ類に短枝はない。

雄花

冬芽
初夏には若葉をつけた新枝が伸びでる。

雄花
長さ１cmほど。たくさんの雄しべがつき、大量の花粉を風で飛ばす。

前年枝

伸び出た新枝

この仲間の葉は平たい線形で、葉裏の2本の気孔帯が目立つ。気孔は、酸素や二酸化炭素を出し入れする窓。開けると水分も蒸発してしまうので、白っぽい樹脂を分泌し、乾燥しやすい冬や夏には気孔をふさいでしまう。

若木や若い枝では葉の先が二股に裂け、鋭くとがる。

気孔帯は灰白色

若い枝は黄緑色をおび、短毛がある。

モミの葉裏
気孔帯の樹脂は灰白色。若木だと目立つが、老木などでははっきりしない。

葉の先はわずかにくぼむ

枝には深い溝があり、毛はない。

ウラジロモミの葉裏
樹脂が真っ白で、モミより気孔帯が目立つ。

気孔帯は真っ白

松ぼっくりは1年型。はじめは明るい緑色で、10月ころには上向きのまま熟し、灰褐色をおびる。長さ9～13㎝で、ウラジロモミより大きい。

苞鱗
樹脂

ウラジロモミとちがって、ふつう苞鱗が種鱗から突きでるが、苞鱗が短いものもある。ウラジロモミの松ぼっくりは紫色をおびる。

果鱗の腹側（苞鱗が長いタイプ）

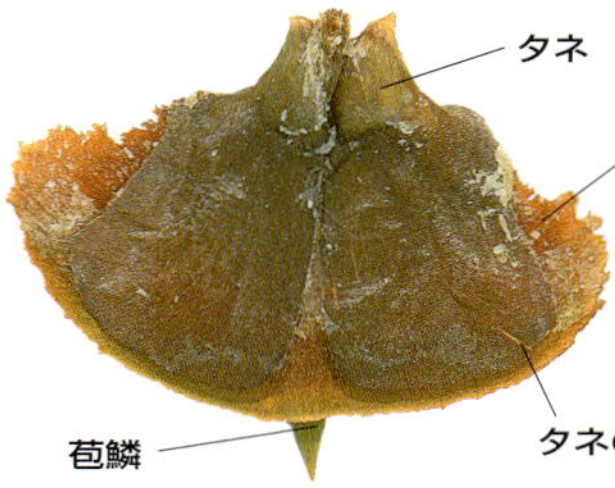
タネ
種鱗
苞鱗
タネの翼

果鱗の背側（苞鱗が短いタイプ）

果鱗
種鱗
苞鱗

苞鱗は下で種鱗を支える役目をする。

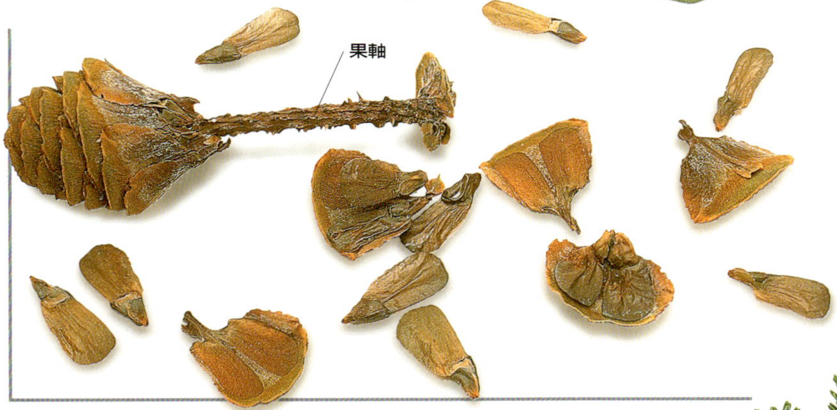
果軸

果鱗がお腹に抱いているタネは2個。ふつうは途中で離れ離れになるが、ときには同じ場所に着地するようで、木の近くを探すと双子のかわいい芽生えも見つかる。

モミ類の松ぼっくりは、熟すと果鱗がタネと一緒に落ちてしまう。松ぼっくりはほとんど果軸だけになって、しばらく枝に残っている。

果軸

材は柔らかで腐りやすい。棺や卒塔婆に使われ、パルプ材にもなる。

クリスマスツリーにする
ドイツトウヒ

マツ科トウヒ属の常緑高木。原産地はヨーロッパ中部から北で、ドイツのシュワルトワルト（黒い森）はこの木とヨーロッパモミがつくる森だ。ヨーロッパモミがない北欧やイギリスでクリスマスツリーといったらこれ。日本でも“モミの木”として店頭に並ぶ。

花は5～6月。雌花は紅色で、長さ3～4cm。枝先に直立し、よく目立つ。
梢には去年の松ぼっくりもぶらさがっていて、大風が吹くと落ちてくる。
ヨーロッパトウヒ、オウシュウトウヒともいう。

葉は断面がひし形。基部がくびれていて、その下に茶色の葉枕(ようちん)がつく。この葉枕は落葉後も残るので、枯れた小枝は葉枕でざらざら。モミ類の枝にはくぼんだ葉痕がある。

前年枝

去年の松ぼっくり
モミ類では松ぼっくりが上向きにつくが、トウヒ類は下向き。

新枝
若葉を出しながら伸びる。

雄花

雄花
前年枝にたくさんつく。はじめは薄紅色。黄色っぽくなると、花粉を風で飛ばすようになる。

松ぼっくりは1年型で、その年の秋に下向きになって熟す。果鱗がお腹に抱くタネは2個。タネは暗褐色で長い翼がある。

① 10月中旬の松ぼっくり。
白い樹脂がついている。

② 熟すと明るい褐色になり、
果鱗が開きはじめる。

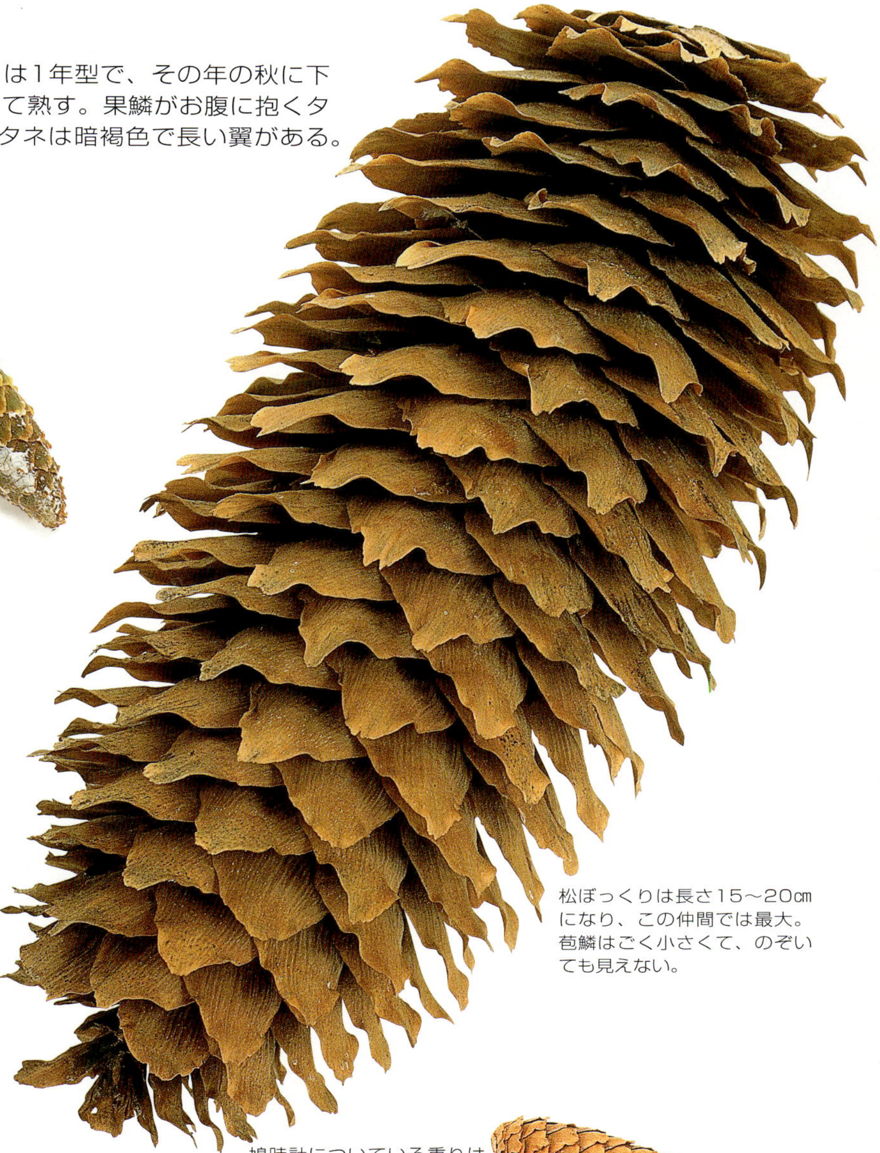

松ぼっくりは長さ15～20㎝になり、この仲間では最大。苞鱗はごく小さくて、のぞいても見えない。

鳩時計についている重りは、ドイツトウヒの松ぼっくりを模したもの。

すぐれた建築材やバイオリン材になるので広く植林され、北海道では雪よけのため線路ぞいに植える。公園にも多く、木の下にはよく松ぼっくりが転がっているが、リスなどの小動物のしわざなのか、果鱗が食いちぎられていることもある。

松ぼっくりが下を向く
エゾマツの仲間

トドマツとともに北海道を代表する木として知られるエゾマツも、ドイツトウヒと同じトウヒ属。この仲間は日本に7種ほどある。多くは北海道か本州の山岳部に生え、秋には枝先に松ぼっくりを吊りさげる。なお、トドマツはモミの仲間。

■エゾマツ
マツ科トウヒ属の常緑高木

北海道の山地でトドマツや落葉樹と森をつくる。樹皮が黒っぽいので、アカエゾマツに対しクロエゾマツともいう。松ぼっくりは1年型で、黄褐色に熟す。長さ4〜8㎝。

葉はこの仲間では例外的に扁平。裏には白い気孔帯がある。

葉枕

■トウヒ
マツ科トウヒ属の常緑高木

エゾマツの変種で、本州中部などの山岳部に生える。松ぼっくりは1年型。10月ころ、紫色から黄褐色に熟す。長さ3〜6㎝。

葉は扁平で、裏に白い気孔帯がある。エゾマツより細くて短いが、葉枕は大きい。

トウヒ

エゾマツ

アカエゾマツ

葉はエゾマツやトウヒより短く、枝を包むようにブラシ状に密生する。断面はひし形で、4面に白い気孔帯がある。

■アカエゾマツ
マツ科トウヒ属の常緑高木

北海道の北東部に多い。やせた高層湿原などでしばしば純林をつくり、大木になるが生長は遅い。松ぼっくりは1年型で、9〜10月には暗紫色から灰褐色に熟す。長さ5〜9㎝。

■ハリモミ

マツ科トウヒ属の常緑高木

中部以西の山に生え、九州でも見られる。葉は太くて硬く、触れると痛い。断面はひし形。松ぼっくりは1年型で、10月ころ褐色に熟す。長さ7～12cmで、光沢がある。

■イラモミ

マツ科トウヒ属の常緑高木

本州中部の山岳部に生える。樹皮がマツに似ているので、別名マツハダ。葉は断面がひし形。松ぼっくりは10月ころ、紫色から褐色に熟す。長さ7～10cm。

■ヤツガタケトウヒ

マツ科トウヒ属の常緑高木

八ヶ岳だけに生える。葉は断面がひし形。松ぼっくりは10月ころ、褐色に熟す。長さ4～8cmで、光沢がある。

■ヒメマツハダ

マツ科トウヒ属の常緑高木

八ヶ岳など、ごくかぎられた場所に生える。葉は断面がひし形。松ぼっくりは1年型で、10月ころ褐色に熟す。長さ8～13cm。光沢がある。

■ヒメバラモミ

マツ科トウヒ属の常緑高木

本州中部の山岳部に生える。葉の断面はひし形。硬くて触ると痛い。松ぼっくりは1年型で、10月ころ褐色に熟す。長さ3～5cmで、この仲間ではもっとも小型。

ご神木が多い
スギ

スギ科スギ属の常緑高木。日本でもっとも高い木になり、主幹がまっすぐ天を突くことから、直木《すき》がスギになったという。昔は神が降り立つ木とされ、今も各地でご神木になっている。広く植林されていて、その面積は国土の8分の1。雨の多い場所でよく育つ。

花は3〜4月。雄花も雌花も小枝の先に1個ずつつくが、雄花は雌花よりはるかに数が多い。枝の下のほうには、よく古い松ぼっくりが残っている。

去年の松ぼっくり
まだ若い枝は緑色

2年前の松ぼっくり

葉は鎌形で、長さ1㎝ほど。材と同じように精油を含み、香りがいい。日本酒はスギ材の樽に入れて香りづけするので、造り酒屋はよく葉を丸く集めたスギ玉を軒に吊りさげた。線香や抹香の原料にもなる。

冬、日当たりがいいとオレンジがかった赤色をおび、春にはまた濃い緑色に戻る。これも一種の紅葉。

雄花（蕾）
米粒ほどの大きさで、大量の花粉をつくる。その数は1個の雄花だけで約40万個。針葉樹のなかでも小さくて軽いので、風で遠くまで飛ぶ。ヒノキの花粉も花粉症を引き起こすが、スギはとにかく数が多いため問題になる。

松ぼっくりは１年型。その年の10～11月に茶色に熟すと果鱗が割れ、すきまからお腹に2～5個ずつ抱いていたタネがこぼれる。

雌花
雄花

雌しべ
大胞子葉
苞鱗

雌花（蕾）
直径5㎜ほど。重なりあった雌しべは、すきまからマカロニのような胚孔を伸ばし、受粉液を出して花粉を待つ。キャッチされた花粉は受粉液ごと吸いこまれるしくみだ。

松ぼっくりは直径2㎝ほど。果鱗の先がぎざぎざなので、刺だらけに見えるが、触っても痛くはない。

受粉から受精までの期間は15週間。10月に入ると熟しはじめる。

枝
種鱗
先がクシの歯状
苞鱗
先が尾状
果鱗

よく松ぼっくりから枝が伸びる。これは、スギの天突きと呼ばれる。種鱗と苞鱗は先端をのぞき、くっついている。

葉はつけ根が枝にぴったりと張りついているので、老化しても落葉しない。
そのかわり小枝に離層ができ、小枝ごと落ちる。この小枝はよく燃える。

秋には葉を落とす

ラクウショウ

スギ科ヌマスギ属の落葉高木。原産地はアメリカ南東部からメキシコにかけて。沼地に生え、しばしば根もとが水没するため、地中からこん棒のような呼吸根を突き立てる。別名ヌマスギ。日本でもよく公園などに植えられている。

花は、葉が芽ぶきはじめる4月ころ。雄花は長枝の先から長い穂をつくって垂れさがり、雌花も長枝の先につく。

雄花の花穂
長さ8〜20㎝。梢につくことが多い。
短枝の芽
去年伸びでた長枝
雌花

雌花
雄花

同じ枝先に雄花と雌花がつくことも多いが、雌花はごく小さいので、見上げても見えない。

細い枝は1年生の短枝で、秋には色づいた葉といっしょに落ちてしまう。長枝は毎年新しい短枝を出し、枝先からは新しい長枝を伸ばす。

新しく伸びた長枝
小さな針状の葉をらせん状につける。
1年生の短枝
柔らかい線形の葉が互い違いに互生し、羽状複葉のように見える。落羽松の名は、これを鳥の羽と見たものだ。

葉は秋、黄色からオレンジやピンクがまじった赤褐色に色づく。メタセコイアの葉も独特な色に染まるが、こちらは葉が向きあっている。

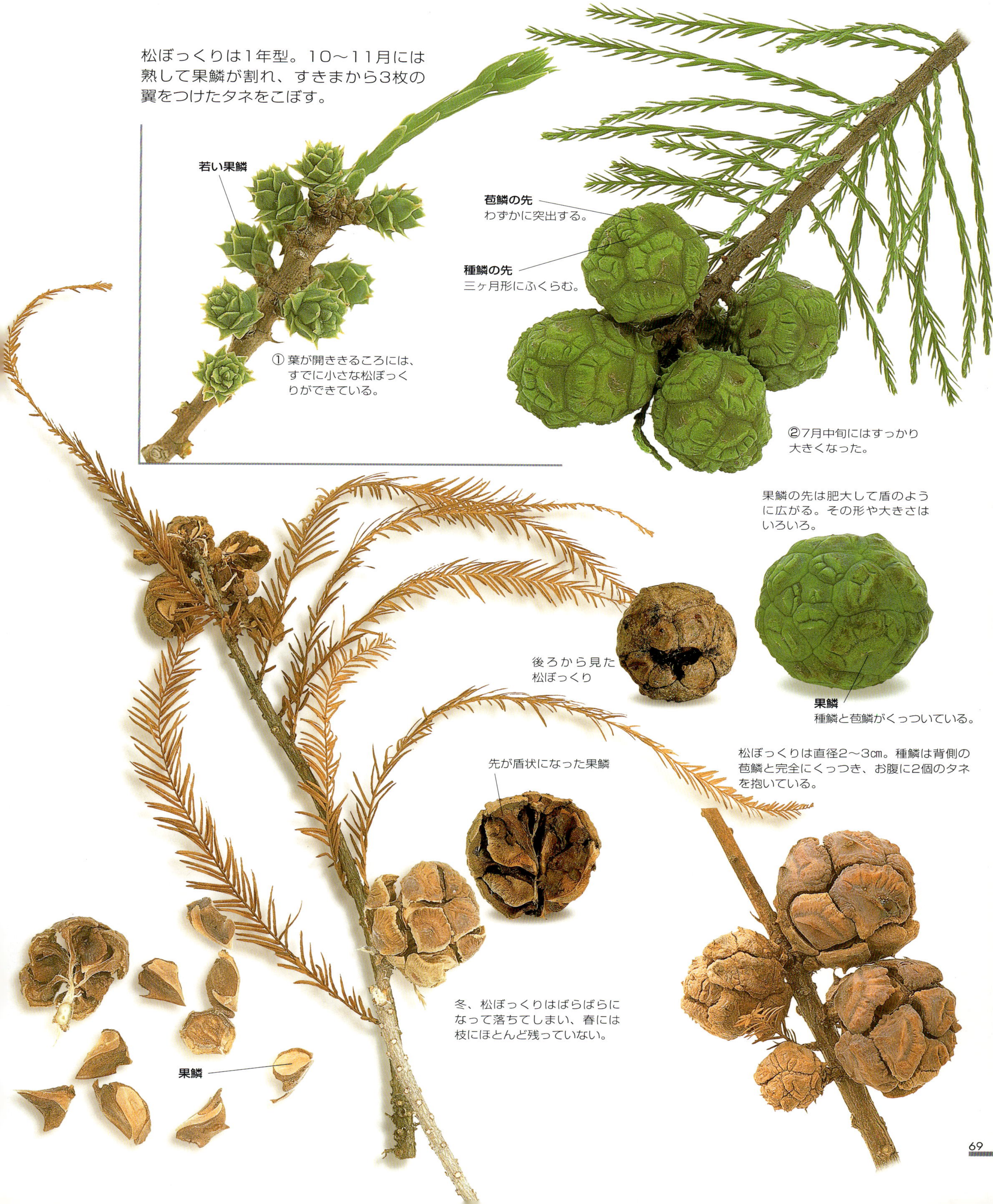

若い果鱗
苞鱗の先
わずかに突出する。
種鱗の先
三ヶ月形にふくらむ。
後ろから見た
松ぼっくり
果鱗
種鱗と苞鱗がくっついている。
先が盾状になった果鱗
果鱗

松ぼっくりは1年型。10〜11月には熟して果鱗が割れ、すきまから3枚の翼をつけたタネをこぼす。

① 葉が開ききるころには、すでに小さな松ぼっくりができている。

②7月中旬にはすっかり大きくなった。

果鱗の先は肥大して盾のように広がる。その形や大きさはいろいろ。

松ぼっくりは直径2〜3㎝。種鱗は背側の苞鱗と完全にくっつき、お腹に2個のタネを抱いている。

冬、松ぼっくりはばらばらになって落ちてしまい、春には枝にほとんど残っていない。

生きている化石
メタセコイア

スギ科メタセコイア属の落葉高木。化石だけ見つかる絶滅種と考えられていたので、1940年代に中国で発見されたときは「生きている化石」と騒がれた。メタセコイアの「メタ」は「後の」という意味。今では世界各地で庭や公園を飾っている。

花は、葉が芽ぶく前の2～3月。雄花の花穂は長枝の先から垂れさがり、緑色の小さな雌花は長枝から伸びでた短枝に1個ずつ対生する。

6500万ほど前にはじまった新生代の初期には、メタセコイアの仲間は北半球の各地で湿地林をつくり、北極圏にまで勢力を広げていたという。化石は日本でも見つかる。

雄花の花穂（蕾）
長いものは20㎝以上ある。

1年生の短枝には柔らかい葉がたくさんつき、羽状複葉のように見える。ラクウショウに似ているが、こちらは2枚が向きあう対生。葉は長枝でも対生する。

松ぼっくりは1年型。その年の10〜11月には熟して果鱗が割れる。

①生まれたばかりの松ぼっくり。雌花はラクウショウに似ている。

②9月下旬にはすっかり大きくなり、2個ずつ長い柄でぶらさがる。

葉は秋に色づき、短枝ごと落ちる。紅葉は黄色やオレンジ、ピンク、紅色、褐色がまじり、広葉樹では見られない色になる。

松ぼっくりは長さ2〜2.5㎝。果鱗の先は横に長い盾状。中央がくぼんでくちびるのよう。

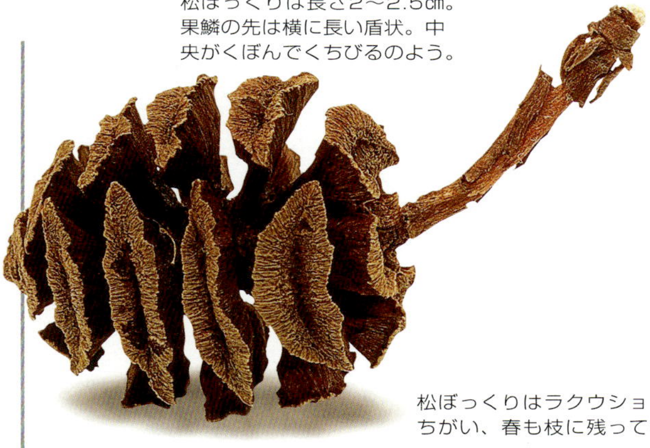

③茶色に熟すと果鱗が割れ、すきまから丸い翼をつけたタネをこぼす。果鱗がお腹に抱いているタネは5〜9個。

松ぼっくりはラクウショウとちがい、春も枝に残っている。

最近は香りでも人気

ヒノキ

ヒノキ科ヒノキ属の常緑高木。この板に穴を開け、ヤマビワの棒を回転させて火を起こしたので、火の木がヒノキになったともいう。古墳時代から最高級の建築材とされ、宮殿や神社、寺にはたいていヒノキが使われた。材や葉は香りがいい。

花は4月で、スギの花がピークをすぎたころ。雄花は枝先に1個ずつ大量につき、風で枝が揺れるたびに大量の花粉を振りだす。雌花も枝先に1個ずつつくが、数は少ない。

葉
小さな鱗片状で、十字に対生しながら枝にぴったり張りついている。枝を裏返すと、側葉と下葉の合わせ目にY字形になった白い気孔帯がある。

雄花
長さ2〜3㎜。10個ほどの雄しべが2個ずつ対生し、それぞれ花粉がつまった葯を抱えている。

雌花
直径4㎜ほど。10個ほどの雌しべが2個ずつ対生している。雌しべはすきまから受粉液を出していて、花粉をキャッチすると受粉液ごと吸収する。

去年の松ぼっくり

ヒノキ風呂の香りがいいのは、材にカジネンなどの香り成分が含まれるため。枝葉や根もピネンやカンファーなどを含み、これらから採った精油は芳香剤や殺虫剤になる。なお、ヒノキチオールを含むのは変種のタイワンヒノキ。

■アスナロ
葉裏の気孔帯は小の字を逆さにしたような形。「明日はヒノキになろう」で知られるが、この木はアスナロ属で、松ぼっくりはニオイヒバ（p75）に近い。

■サワラ
サワラはヒノキの仲間。葉は触るとざらざらで、葉裏の気孔帯はX字形。松ぼっくりは直径5〜7㎜で、ヒノキより小さい。

松ぼっくりは１年型。秋には熟して果鱗が割れ、すきまからタネをこぼす。果鱗がお腹に抱くタネは2～4個。タネには両側に狭い翼がつく。

① 5月にはもう松ぼっくりらしい形になる。

裏

表

② 11月末の松ぼっくり。すでに熟して果鱗が割れはじめている。

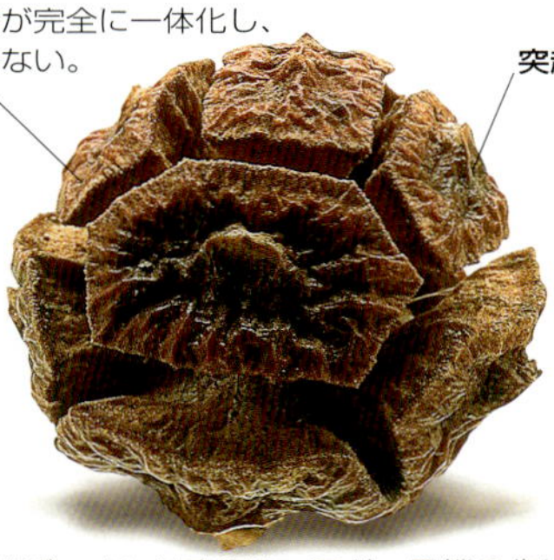
果鱗
種鱗と苞鱗が完全に一体化し、区別ができない。
突起

松ぼっくりは直径1㎝ほど。果鱗の先はいびつな4角形か5角形に肥大して盾のように広がる。

タネをこぼしおえても、果鱗は大きく開いていく。

表

■ヒヨクヒバ

サワラの園芸種で、小枝が糸のように垂れさがる。松ぼっくりはサワラと変わらない。

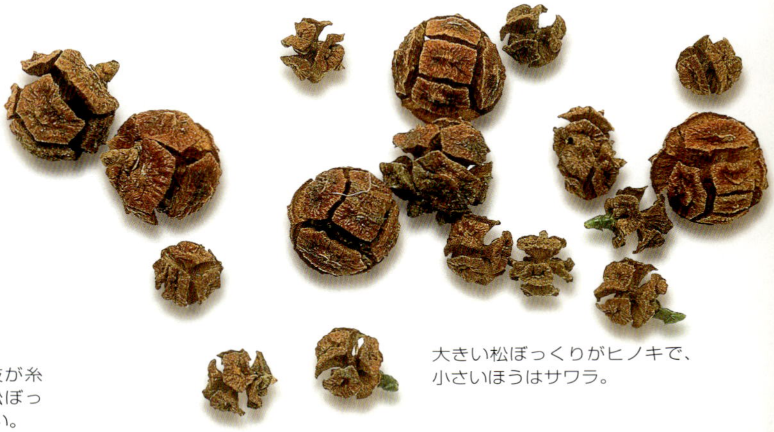

大きい松ぼっくりがヒノキで、小さいほうはサワラ。

路地でもすぐ見つかる
コノテガシワ

ヒノキ科コノテガシワ属の常緑高木。中国原産といわれる。枝葉が手のひらを合わせたように立つので、児の手柏だという。中国の「柏」はヒノキ科の仲間のことで、コノテガシワは「側柏」とする。日本でも古くから栽培されていて、園芸品種も多い。

花が咲くのは3月ころ。雄花も雌花も枝先に1個ずつつく。庭木になっているものはたいてい2m以下だが、それでもけっこう花をつけている。

雄花
黄褐色で長さ5㎜ほど。雄しべはそれぞれ花粉を入れた葯を抱えている。

葉
鱗片状で、十字対生して枝にぴったり張りついている。枝葉を水平ではなく垂直に立てるので、表裏がない。気孔帯もない。

雌花
淡い肉色、淡緑色、紫色をおびるものと色はいろいろ。

雌花
直径5㎜ほど。先が角状の雌しべが6個対生し、マカロニのような胚孔を伸ばして受粉液に花粉がつくのを待っている。

松ぼっくりは翌年の春も枝についている。

松ぼっくりは１年型。10〜11月には熟して果鱗が開く。ヒノキなどとちがって果鱗の先が肥大しないので、木製の花のようになる。

① 3月中旬の松ぼっくり。できたばかりで、まだ小さい。

② 8月には白い砂糖をかぶった金平糖のようになる。

③ 秋に入ると、種鱗と苞鱗が一体化した果鱗が木質化し、ときに紫色をおびる。

④ 完全に熟すと果鱗が割れる。

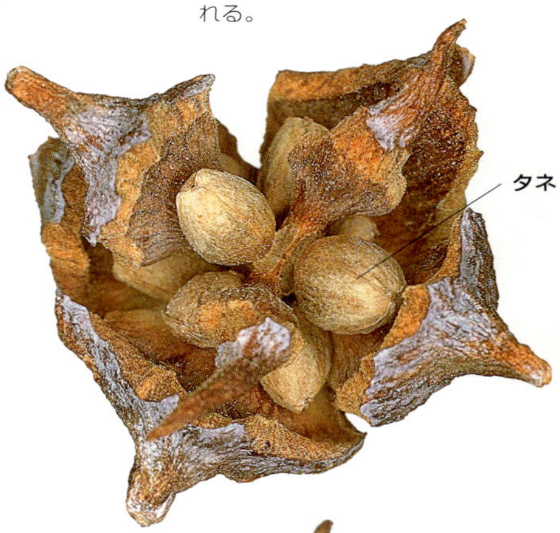

■ニオイヒバ
松ぼっくりは長さ2〜3㎝で、やはり木製の花のよう。北アメリカ原産のクロベ属の木で、最近は垣根などに使われている。葉をちぎるとパイナップルのような香りがする。

コノテガシワの松ぼっくりは長さ2㎝ほど。果鱗がお腹に抱くタネは1個。タネに翼はなく、ピーナッツふう。漢方では柏子仁として薬にする。

まだ探せば見つかる

松ぼっくりいろいろ

最近は欧米のように緑色のバリエーションを楽しむコニファーガーデンもつくられるようになり、外国産の針葉樹を目にする機会もふえた。もちろん野山にはもっと多くの種類があって、秋にはそれぞれ松ぼっくりをつける。

■コウヨウザン

スギ科コウヨウザン属の常緑高木

材は香りがいい。暖地ではよく寺に植えられているが、原産地は中国南部からベトナム。漢字では「広葉杉」と書く。松ぼっくりは1年型で、長さ3〜5㎝。しばらく枝に残っていて、よく枯れ枝といっしょに落ちてくる。

雄花
葉の裏
去年の松ぼっくり
苞鱗
種鱗はごく小さい

■セコイア

スギ科セコイア属の常緑高木

原産地は北アメリカ西部で、別名セコイアメスギ。100mを超す大木になり、セコイアオスギとともに地球上でもっとも巨大な生き物として知られる。松ぼっくりは1年型で、長さ2〜2.5㎝。セコイアオスギは2年型で長さ5〜8㎝。

雌花
雄花

■コウヤマキ

コウヤマキ科コウヤマキ属の常緑高木

昔はただマキと呼ばれ、古墳時代はよく棺がつくられた。高野山では霊木として保護していて、仏前に供える。松ぼっくりは2年型で、上を向いたまま熟す。長さ6〜10㎝。

種鱗
苞鱗
果鱗

葉は短枝では束になってつき、春には雄花が20〜30個集まった丸い花穂が立つ。雄花も枝先につくが、1個だけ。

雄花（蕾）の花穂

葉の裏

■コメツガ

マツ科ツガ属の常緑高木

亜高山帯に生える。葉はツガより小さくて、色が明るい。裏には2本の気孔帯があって、白く見える。松ぼっくりは1年型。下向きになり、緑紫色から褐色に熟す。長さ1.5〜2.5㎝。

曲がった柄
コメツガは
ほとんど曲がらない

■ツガ

マツ科ツガ属の常緑高木

山に生える。葉は深緑色。松ぼっくりは1年型。柄が大きく曲がって下向きになり、緑色から淡褐色に熟す。長さ2〜3㎝で、ツガより大きめ。

突起

■ホソイトスギ

ヒノキ科イトスギ属の常緑高木

原産地は地中海沿岸から中東。閉じた傘のようにほっそりした樹形になる。松ぼっくりは2年型で、長さ3〜4㎝。枝からサイプレスオイルが採れる。

■カイヅカイブキ

イブキの園芸種。松ぼっくりは翌年の秋に黒く熟すと肉質になる。

■エンピツビャクシン

ヒノキ科ビャクシン属の常緑高木

北アメリカ原産。材に香りがあり、かつては鉛筆をつくった。松ぼっくりは、その年か翌年に紫褐色に熟すと肉質になる。仲間のセイヨウネズやネズの熟した松ぼっくりはジンの香りづけに使われる。

■イブキ（ビャクシン）

ヒノキ科ビャクシン属の常緑高木

海ぞいに生える。寺にもよく植えられている。松ぼっくりは白いロウをかぶっていて、翌年の秋に黒く熟すと肉質になる。種鱗と苞鱗が一体化した果鱗は割れない。鳥が食べてタネを運ぶ。直径7〜9㎜。

松ぼっくりをつけない
針葉樹とその仲間

松ぼっくりをつけない針葉樹もある。イヌマキの緑色の丸い実は、肥大した種鱗に包まれた1個のタネだが、見た目は被子植物の実にそっくり。針葉樹とともに裸子植物に分けられるイチョウやソテツも松ぼっくりをつけない。

■イヌマキ

マキ科イヌマキ属の常緑高木

暖地の海ぞいの林に生え、よく庭木や生け垣にされる。5月ころ枝先に出る小さな淡緑色の雌花はおもしろい形をしていて、着物を着た人形のよう。実もコケシふうで、秋に赤から紫黒色に熟す肉質の花托は甘い。

雄花（蕾）の花穂
花托
タネ
肉質の套皮（とうひ）
に包まれている。
套皮は種鱗が肥大
したもの。

■ラカンマキ

イヌマキの園芸品種といわれ、葉も実も小型。実が熟すにつれ、やはり花托がふくらんでくる。よく庭木にする。

■ナギ

マキ科マキ属の常緑高木

昔は霊木とされ、港町では凪を願って神社に植えた。葉が幅広だが、これでも針葉樹。縦に引っ張るとなかなかちぎれないので、夫婦の縁を切らないお守りにした。11月ころ熟す実は直径1～1.5㎝。春日大社ではこの実から油を採り、回廊の燈篭をともす。

単子葉植物のような
平行脈がある
実は、肥大した套皮
に包まれたタネ。

実は、肉質の外種皮
に包まれたタネ。

■イチョウ

イチョウ科イチョウ属の落葉高木

中国原産。仏教とともにやってきたといわれ、寺や神社には大木が多い。10月ころに雌の木が落とす実がギンナン。炒るとおいしいが、外側の肉質の外種皮には悪臭があり、素手で触るとかぶれる。

■イヌガヤ

イヌガヤ科イヌガヤ属の常緑小高木

山に生える。雌の木がつける実は長さ1.5〜2.5㎝。翌年の秋に紫褐色に熟す。外側の皮は甘いが、タネはヤニ臭くて食べられない。昔はタネから油を採って明りにした。葉は触っても痛くない。

実は、肉質の外種皮に包まれたタネ。

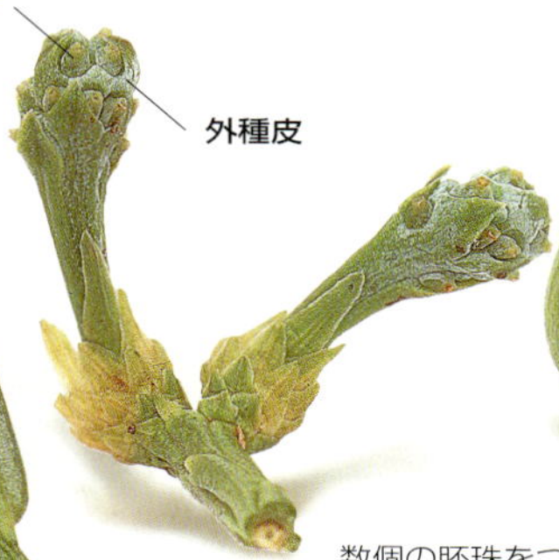

数個の胚珠をつけた果穂。年内は大きさがほとんど変わらない。

翌年春からふくらみはじめるが、受粉できずにシイナで終わる胚珠もある。

■イチイ

イチイ科イチイ属の常緑高木

別名アララギ。北海道や東北などではオンコとも呼ばれる。雌の木がつける実は直径1㎝ほど。9〜10月にはタネを包む肉質の仮種皮が真っ赤になる。仮種皮は甘いが、黒いタネは有毒。

実は、コップ状の仮種皮に包まれたタネ。

似ているような似ていないような…
松ぼっくりふうの実

松ぼっくりを探す楽しみを知ると、地面に落ちているものが気になるようになる。テレビを見たり本をめくったりしていても、よく似たものがあると目が勝手に動くようにもなる。松ぼっくりに似た実はけっこう多い。

落ちていたクロマツの松ぼっくり

落ちていたアカマツの松ぼっくり

スギの松ぼっくり

■フウとモミジバフウ

小さな実がたくさん集まった集合果で、刺だらけ。熟すと木質化し、刺のあいだに開けた窓から翼がついた小さなタネをこぼす。直径3〜4㎝。フウは中国、モミジバフウは北アメリカが原産地。

フウ

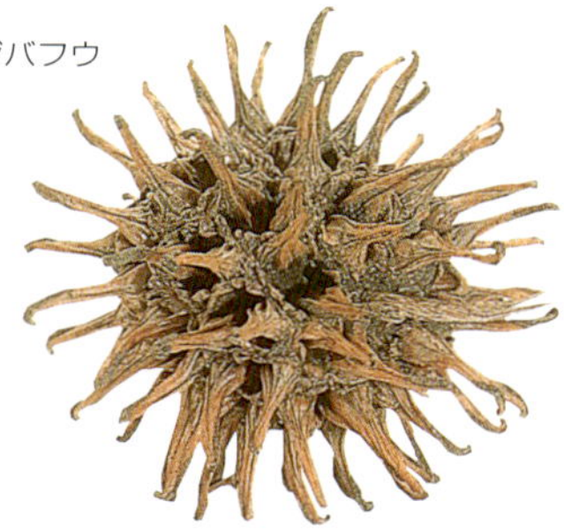

モミジバフウ

■ダケカンバ

樹皮が白っぽくてシラカバに似ているが、シラカバより高い場所に生える。集合果は長さ2〜4㎝。シラカバとちがって上向きのまま熟し、翼のある実を風で飛ばしたあとも枝に残っている。

■オオバヤシャブシ

ヤシャブシやハンノキ、シラカバなどの仲間は、小型ながら松ぼっくりそっくりの集合果をつける。オオバヤシャブシの集合果は長さ2〜2.5㎝。熟すと木質化して果鱗が割れ、翼がつく実を風で飛ばす。

■モミジバスズカケノキ

プラタナスの名で、公園や通りなどによく植えられている。羽毛をつけた小さな実が寄り集まった集合果で、直径3㎝ほど。枝から落ちると衝撃でばらばらになり、実がタンポポのように風で飛ばされていく。

■ハンノキ

集合果は長さ1.5〜2㎝。果鱗はしだいに木質化し、すきまから実を落とす。実に翼はない。この仲間は湿地や川岸に多い。

■ホオノキ
大きな花が終わると、袋状の実をたくさんつけた集合果になる。この実は長さ10〜15cmで、はじめは緑色。しだいに赤くなり、秋に赤褐色に熟すと袋が裂け、赤いタネが2個ずつ白い糸でぶらさがる。

落ちていたシラビソの松ぼっくり。

■タイサンボク
ホオノキの仲間だが、常緑で北アメリカが原産地。マグノリアとも呼ばれる。集合果は長さ8〜12cm。熟すと袋から赤いタネが出るが、その前に落ちてしまうものが多い。コブシも同じような集合果をつける。

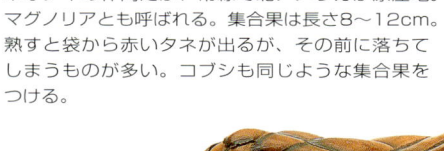

■ノグルミ
クルミの仲間だが、刺だらけの集合果をつける。刺のひとつひとつが翼のある小さな実を抱えていて、熟すと木質化し、すきまから実をこぼす。長さ3〜4㎝。

■サラッカヤシ
ヤシと聞くとすぐココヤシの大きな実を思い浮かべるが、トウやサラッカヤシの仲間などの実は厚い鱗で包まれていて、松ぼっくりのよう。

■バンクシア・グランディス
巨大なブラシのような花穂に小さな花をびっしりとつけ、受粉したものだけが2枚貝のような堅い袋に包まれた実になる。この仲間はオーストラリアに70種以上あり、これは乾燥すると口を開いてタネを落とすが、山火事にあうまで閉じたままでいる種類もある。

松ぼっくりを探す楽しみ

モミの仲間のように木の上で果鱗がばらばらになってしまうものをのぞけば、松ぼっくりは一年中拾える。とくに大風が吹いたあとは、ふだんうらめしく見上げていたものがいくつも地面に転がっていたりする。
松ぼっくりは食べられず、なにかの役に立つこともない。興味がない人にとってはゴミも同然だろう。それでも、あやしい針葉樹を見つけて斜面をよじ登ったり、松ぼっくりの精巧なつくりに見とれたり、マツのように眼下に広がる町を見下ろしたりしてすごすのは楽しい。

雨の日に松ぼっくりを拾いにいったら、どれも果鱗が閉じていた・・そう聞いて、家にあったクロマツの松ぼっくりを水を張ったボールに入れてみた。本当に2時間たらずでほぼ閉じてしまった。

コメツガの松ぼっくり。水につけると果鱗が閉じてしまう

赤っぽいほうがアカマツ、黒っぽいほうがクロマツ。同じ木でも色が微妙にちがい、たくさん集めると色のバリエーションが美しい。

松ぼっくりのお尻。果鱗が渦を巻くように並んでいる。渦潮のように、台風のように、銀河のように。
（写真はフランスで拾った松ぼっくり）

ドングリや松ぼっくりを飾る楽しみ

拾ってきたドングリや松ぼっくりは、渋いインテリアになる。さりげなくテーブルや棚に置いてもいいし、落ち葉や小枝をそえて豪華にするのもいい。花とちがって毎日水を換える必要もないので手間いらず。

ドングリや松ぼっくりを飾る楽しみ

いちばんの効用は、自分が楽しいこと。収集品を広げ、ここにはこれがいいか、あれがいいかと試していると、本を読んでいたはずの人が横から口や手を出したりする。

1. 植木屋さんのトラックはすてきだ。このテーダマツの松ぼっくりも荷台で発見した。
2. 裏通りで発見したクロマツの松ぼっくり。ふしぎなことに、あたりに木はなかった。
3. マテバシイのドングリ。隣の子どもがよく1、2個わけてくれる。
4. 神社のウラジロガシの落ち葉は、我が家の常連。
5. 公園でやっと拾ったヒマラヤスギの松ぼっくりのてっぺん。最近はリースなどに使われるのだそうだ。
6. 中学の裏で拾ったヒノキの松ぼっくり。ここのはなぜか紅色をしている。
7. 物々交換で手に入れたレッドオークの殻斗。

ドングリや松ぼっくりを飾る楽しみ

素朴なドングリや松ぼっくりも、飾り方しだいでは雰囲気ががらりと変わる。器や白い紙を使えばあらたまった感じにもなって、来客には秋らしいもてなしとなる。

ドングリや松ぼっくりを飾る楽しみ

飾り方にルールはいっさいない。切り花を楽しむように枝を花瓶やコップにさすもよし、しゃれたケースにきれいに並べて壁に掛けてもよし、額に張りつけてもよしだ。

額に張りつけるときは、両面テープが便利。テープが見えると台無しなので、テープの位置に気をつける。

ドングリや松ぼっくりを飾る楽しみ

昔の子どもは道草の天才だった。見つけたものがドングリなら、あっというまに笛やコマ、ヤジロベエなどができ、松ぼっくりは動物に変身した。立派な道具や設備がないとなにもできないのは、いまや大人も同じ。たまにはテレビや携帯電話を切り、家中でドングリ福笑いなどをするのも悪くない。目はドングリ、眉毛は落ち葉、鼻は松ぼっくり、口は紅葉ということで…。

『ドングリと松ぼっくり』さくいん

●あ行
アカエゾマツ …… 64
アカガシ …… 25・37・39
アカガシワ …… 38
アカマツ …… 44・48・80・82
アスナロ …… 72
アベマキ …… 14・37・38
アラカシ …… 22・37・39
イタリアカサマツ …… 56
イタリアン・ストーンパイン …… 56
イチイ …… 79
イチイガシ …… 39
イチョウ …… 78
イヌガヤ …… 79
イヌブナ …… 39
イヌマキ …… 78
イブキ …… 77
イラモミ …… 65
ウバメガシ …… 2・28・38
ウラジロガシ …… 26・36・39
エゾマツ …… 64
エリオットマツ …… 55
エンピツビャクシン …… 77
オウシュウトウヒ …… 62
オオバヤシャブシ …… 80
オキナワウラジロガシ …… 27・36・39
雄しべ（針葉樹） …… 44

●か行
殻斗 …… 8
果軸 …… 45
カシワ …… 16・38
花粉のう …… 44
カラマツ …… 46
果鱗 …… 45
キタゴヨウ …… 50
クヌギ …… 8・12・37・38
クリ …… 8・20・39
グレッギーパイン …… 54
クロエゾマツ …… 64
クロマツ …… 44・48・80・82
堅果 …… 8
コウヤマキ …… 76
コウヨウザン …… 76
コジイ …… 31
コナラ …… 8・10・36・38
コノテガシワ …… 74
コメツガ …… 3・77・82
ゴヨウマツ …… 50
5葉マツ …… 50

●さ行
サラッカヤシ …… 81
サワラ …… 72・73
サンドパイン …… 52
ジェフリーマツ …… 53
シバグリ …… 21
シュガーパイン …… 53
種鱗 …… 45
小胞子葉 …… 44
シラカシ …… 24・37・39
シリブカガシ …… 32・37・38
スギ …… 66・80
スダジイ …… 8・30・36・39
ストローブマツ …… 52
スラッシュマツ …… 55
セコイア …… 76
セコイアメスギ …… 76
総苞 …… 8
ソテツ …… 44

●た行
ダイオウショウ …… 55
タイサンボク …… 81
大胞子葉 …… 44
タイワンアカマツ …… 57
ダケカンバ …… 80
タンニン …… 9
チョウセンゴヨウ …… 51
ツガ …… 77
ツクバネガシ …… 39
ツブラジイ …… 30・31・36・39
ディッガーパイン …… 53
テーダマツ …… 53
ドイツトウヒ …… 62
トウヒ …… 64

●な行
ナガバマツ …… 57
ナガミマツ …… 53
ナギ …… 78
ナラガシワ …… 19・38
ニオイヒバ …… 75
2葉マツ …… 48
ノグルミ …… 81

●は行
ハイマツ …… 51
ハリモミ …… 65
バンクシア・グランディス …… 81
ハンノキ …… 80
ピッチパイン …… 54
ヒノキ …… 72
ヒマラヤゴヨウ …… 57
ヒマラヤスギ …… 58
ヒマラヤダイオウマツ …… 57
ヒマラヤパイン …… 57
ヒマラヤマツ …… 57
ヒメコマツ …… 50
ヒメバラモミ …… 65
ヒメマツハダ …… 65
ビャクシン …… 77
ヒヨクヒバ …… 73
フウ …… 80
ブナ …… 39
フランスカイガンショウ … 45・56
プンゲンスマツ …… 55
苞鱗 …… 44・45
ホオノキ …… 81
ホソイトスギ …… 77

●ま行
マツハダ …… 65
マテバシイ …… 34・36・38
マリタイムパイン …… 56
ミズナラ …… 18・38
雌しべ（針葉樹） …… 44
メタセコイア …… 70
モミ …… 45・60
モミジバスズカケノキ …… 80
モミジバフウ …… 80
モントレーマツ …… 54

●や行
葯（針葉樹） …… 44
ヤクタネゴヨウ …… 51
ヤツガタケトウヒ …… 65
ヨーロッパカラマツ …… 46
ヨーロッパナラ …… 38
ヨーロッパトウヒ …… 62

●ら行
ラカンマキ …… 78
ラクウショウ …… 68
ラジアータマツ …… 54
裸子植物 …… 44
リギダマツ …… 54
離層 …… 9
リュウキュウマツ …… 48
レッドオーク …… 38
ロングリーフパイン …… 55

注）
さくいん中、太字は植物用語もしくは化学用語、小さい字はドングリ・松ぼっくり以外の実を示す。

●平野隆久（ひらの　たかひさ）
この本で使われているすべての写真を撮影。植物写真家。日本写真家協会会員。1946年、東京都生まれ。

●片桐啓子（かたぎり　けいこ）
この本の企画から構成・解説までを担当。フリーランスの書籍編集者。1948年、静岡県生まれ。

撮影協力／畔上能力・新井二郎・岩附信紀・大谷剛・唐澤耕司・環境省新宿御苑・栗林慧・斎木健一・佐藤重雄・佐藤清吉・千葉県立中央博物館・東京都高尾自然科学博物館・東京都薬用植物園・中嶋清香・二瓶栄子・羽田節子・羽場生枝・菱山忠三郎・福島英世・藤井猛・藤田順三・二井一禎・本多正浩・前田憲男・皆越九八郎・皆越延子・皆越ようせい・谷城勝弘・矢野維幾・吉田よし子
PD／香川長生
ブックデザイン／河村光一郎・河村静枝・谷口かおり（デザイングループ　アルファ）
落ち葉アート／河村光一郎・河村静枝

森の休日2 探して楽しむ
ドングリと松ぼっくり

2001年　9月30日　　初版第1刷発行
2008年　9月25日　　初版第12刷発行⑫

著者　平野隆久©　片桐啓子©
発行人　粟津彰治
発行所　株式会社 山と溪谷社
住所　東京都港区赤坂1－9－13　三会堂ビル1階　〒107－8410
電話　03－5275－9064（山と溪谷社カスタマーセンター）03－6234－1614（編集）
http://www. yamakei.co.jp/
印刷・製本　株式会社 サンニチ印刷

Published by YAMA-KEI Publishers Co.,Ltd.
1-9-13 Akasaka, Minato-ku, Tokyo, Japan
Printed in Japan
ISBN978－4－635－06321－0